Future
Genius

未来科学家

特别定制

英语阅读手册

★ 浩瀚的太阳系·奇趣的动物王国·神奇的计算机及编程入门 ★

赠品

THE SUN: OUR NEAREST STAR

原版英文音频

The Sun is an enormous ball of gas, so huge everything else in the Solar System could fit inside it. It shines so brightly in the sky because it is very hot – on its surface the temperature is 5,500 degrees Celsius, and in the middle it is even hotter, about 15 million degrees Celsius! The Sun lies in the centre of our Solar System and is by far the biggest and most important thing in it. All the planets, asteroids and comets orbit the Sun. Our star gives us all the light and heat we need to live here on Earth.

The Sun is a star. When you see stars in the sky at night, you're looking at other suns – they're just so far away out in space they look like tiny points of light. If you flew to a planet in orbit around one of those stars and looked back at our Sun, it would just be a tiny star twinkling in the night sky. The Sun was born around 4.7 billion years ago and formed out of a huge spinning cloud of dust and gas. The planets all formed out of what was left over.

Unfortunately, the Sun won't last forever: stars are born, live their lives and eventually die. When the Sun reaches the end of its time, it will swell up like a huge red balloon and then collapse down to a dead, cold ball – but that won't happen for another 5 billion years or so, so don't cancel any holidays, and you'll still have to do your homework!

PHOTOSPHERE
The surface of the Sun we see from Earth. It often has dark magnetic storms on it, which are called sunspots.

CHROMOSPHERE
A transparent layer of very hot gas above the Sun's surface. Temperatures here can reach almost 4,500 degrees Celsius!

CORONA
The Sun's 'atmosphere'. It is extremely hot, almost a million degrees, but is so faint it can only be seen during an eclipse.

HOW ARE STARS AND PLANETS DIFFERENT?

Stars are huge balls of gas that shine brightly because they are so hot. Planets are smaller and go around stars, reflecting their light

WHICH ONE IS THE ODD ONE OUT?

Now that you know the differences, can you spot the object that isn't a star?

JUPITER   BETELGEUSE   SIRIUS   RIGEL

Source: Wiki/ Dave Jarvis

Source: Wiki/ Dave Jarvis

© Getty

© Getty

INNER CORE

The very dense centre of the Sun where nuclear reactions occur, creating heat and light.

RADIATIVE ZONE

Energy and particles from the core flow through this densely packed zone very slowly.

CONVECTION ZONE

The gas in this zone bubbles and churns slowly, like water boiling in a kettle.

HOW BIG IS THE SUN?

It's hard to imagine just how enormous the Sun is because it is so much bigger than Earth. It is much easier if you compare it to something bigger than our planet, like Jupiter. Jupiter is the biggest planet in our Solar System. If it was hollow, like an Easter egg, Earth would fit inside it a thousand times. And the Sun is so big that Jupiter would fit inside it a thousand times – so a million Earths would fit inside the Sun!

WHY IS THE SUN SO IMPORTANT?

The Sun isn't just a bright light that shines in our sky, giving us the most beautiful sunrises and spectacular sunsets of any planet. It's the most important thing in our lives, and in the whole Solar System. Apart from the fact that if the Sun hadn't formed, Earth wouldn't have formed either, and none of us would be here, our star provides all the heat and light necessary for life to exist on Earth. If the Sun went out right now – it won't,

don't worry! – then in eight minutes' time it would go dark, and Earth would begin to freeze. Without the light and heat from the Sun, crops and animals would start to die, followed by other wildlife. There would be no more solar power for us to use, and we would have to rely on other expensive and damaging forms of power. As Earth froze over, people would be forced to live indoors or underground, perhaps forever!

THE SUN MAKES EARTH WARM ENOUGH FOR LIFE

Because of the heat from the Sun, Earth is warm enough for liquid water to exist on its surface – and that's essential for keeping us alive

THE SUN GIVES US LIGHT
Without the Sun Earth would be in perpetual darkness, and no plants or crops could grow on it.

EARTH PLUNGED INTO DARKNESS
One day there might be an explosion on the Sun big enough to stop computers and power stations from working.

THE SUN: SATELLITE KILLER
Huge explosions on the Sun can knock out the satellites that help us forecast the weather and communicate across the world.

THE SUN PROVIDES US WITH ENERGY
Many people and businesses now use solar panels to turn the light from the Sun into energy.

DIGGING UP THE PAST TO POWER THE FUTURE
The fossil fuels we use in power stations today, like coal and oil, were all formed by the heat and light of the Sun many millions of years ago.

NORTHERN & SOUTHERN LIGHTS

Although we can't see it, lots of energy is always streaming away from the Sun. If this 'solar wind' hits Earth's magnetic field in just the right way, it makes gases in the atmosphere glow with beautiful colours: the northern and southern lights.

原版英文音频

QUIZ

HOW MUCH DO YOU KNOW ABOUT OUR NEAREST STAR?

1 HOW HOT IS THE SURFACE OF THE SUN?

_____

_____

2 HOW MANY EARTHS WOULD FIT INSIDE THE SUN?

_____

_____

3 WHAT ARE SUNSPOTS?

_____

_____

4 WHAT IS THE TEMPERATURE IN THE CENTRE OF THE SUN?

_____

_____

5 WHAT IS THE NAME OF THE SUN'S WISPY, SUPER-HOT ATMOSPHERE?

_____

_____

Answers: 1. 5,500 degrees, 2. A million, 3. Magnetic storms on the Sun's surface, 4. 15 million degrees, 5. Corona

© Getty

WHAT ARE ANIMALS?

原版英文音频

Animals are living things made of multiple cells, but this is true of many other living things, like plants and fungi. What separates animals from these others is that they breathe in oxygen and breathe out carbon dioxide – the opposite of what plants do – and they have to eat to get energy. Plants can make energy from sunlight, and fungi take it straight from their environment, but animals must find and eat food. Almost all animals can move around, which helps them search for things to eat while avoiding becoming food themselves.

All the animals on Earth can be divided into two main groups: vertebrates and invertebrates. Vertebrates are animals with backbones (spines), and there are about 65,000 that we know about. They can be split again into five groups: fish, amphibians,

reptiles, birds and mammals. These are the animals that a lot of people are most familiar with, but they only make up about three per cent of all animal species. The other 97 per cent – around 1.25 million species – are invertebrates. And that's just the ones we've discovered and recorded. Invertebrates don't have backbones. Instead, they have soft bodies or are protected by hard casings known as exoskeletons. More than a million of these invertebrates are insects, but the group also includes myriapods like centipedes and millipedes, arachnids like spiders and scorpions, molluscs like snails and octopuses, annelids like earthworms and leeches and cnidarians like jellyfish, coral and sea anemones.

Animals have found ways to live in almost every corner of the planet. From giant whales to tiny bugs, Earth is teeming with a variety

of life. Each species has its own skills and special features – because survival isn't easy for any of them. As you'll see, there are challenges to face wherever an animal makes its home.

HAVE A GO!

Write down the name of five animals. It could be an animal that you have in your house or it could be one that you have seen on a trip, in a book or on the television. See if you can work out what kind of creatures they are in the next few chapters.

WORD SEARCH

There are some animals hidden in the wordsearch below. Can you find them? Which one is your favourite?

```
G Z E B R A C D D L D Y R H B
H I F V T M T R Z O S M V S H
W B R I A O I Y O W V H U E X
C D U A N W G V N C N Y A D Y
G C W C F Z E E M X O C O R P
Z L A N E F R O C V P D W Z K
D C F L V E E J P S A Z I Z W
J V M R J M X F L W A L M L P
T E F G Y I D D H T B C R N E
N T V A Z K Q E S I O B I R Z
R N N G Z C J W I B W L Z Q G
D C S R F I R H G Z A E G F P
C O H N F V I A Y C K W G U K
B O C T O P U S B X E B E W U
N L Z J X D Q P I Y C M W W Q
```

WARM-BLOODED & DIVERSE: MAMMALS

原版英文音频

About 6,500 different animal species are mammals, including humans and many beloved pets like dogs, cats, horses and rabbits. There are a few features that set the mammals apart from the other vertebrates. All female mammals have glands that produce milk for feeding their babies. They're warm-blooded like birds, but their skin is partly or completely covered with fur or hair instead of feathers. Mammals can be split into three groups based on how they give birth. Most give birth to live young, but the marsupials – animals like kangaroos, wombats and koalas – carry their babies in a pouch, and the monotremes – a very small group that includes echidnas and the platypus – lay eggs.

Mammals have found ways to survive in almost all of Earth's land habitats, getting around their homes by running, climbing, swinging, leaping, bouncing or burrowing. Every mammal species alive today comes from an ancestor that lived on land, but some have evolved for life in the water or the air instead. Bats have developed leathery wings that mean they can fly fast and far, while others like sugar gliders can glide short distances. Aquatic mammals like whales, dolphins, seals and otters have either lost most of their hair to become smooth and streamlined like fish, or developed thick, waterproof fur that keeps their skin warm and dry.

Mammals vary more in size and shape than the other vertebrate groups. The smallest known species based on skull size is the bumblebee bat, with a body just three centimetres long, but the smallest based on weight is the Etruscan shrew. This tiny creature weighs just 1.8 grams – that's the same weight as a single playing card. The largest mammal is also the largest animal on the planet: the blue whale. This ocean giant can reach lengths of 30 metres – two metres longer than a standard basketball court – and weigh up to 150,000 kilograms

MEET THE MAMMALS

Some fly, some swim and others live in trees – there are mammals in every biome

ORANGUTAN

RACCOON

FRUIT BAT

HUNTER OR HUNTED

Some mammals are herbivores, living on leaves or fruit, while others are omnivores that sometimes eat meat or carnivores that get all their food by hunting.

FAMILY TIES

Young mammals tend to spend longer with their parents – usually their mothers, but sometimes both – than other animals.

MAKING MILK

Female mammals have special glands that produce milk, which has all the nutrients their young need for the first part of their life.

LIVE BIRTH

With the exception of the monotremes, mammals don't lay eggs – they give birth to live young.

太阳系八大行星

木星

重要数据

卫星数：79

质量：约为地球的318倍

直径：约为地球的11倍

绕日周期：约为地球上的12年

自转周期：大约10小时

温度：零下147摄氏度

光环：4个，很微弱很暗

所属类型：气态巨行星

土星

重要数据

卫星数：82

质量：约为地球的95倍

直径：约为地球的9倍

绕日周期：约为地球上的29年

自转周期：10小时42分

温度：零下177摄氏度

光环：主要的有7个

所属类型：气态巨行星

天王星

重要数据

卫星数：27

质量：约为地球的14倍

直径：约为地球的4倍，这大致相当于若干个和地球那么大的星球

绕日周期：天王星上的1年约为地球的84年，如果生活在天王星上，有可能一辈子都过不了一次生日

自转周期：天王星的自转轴几乎横在它的轨道上

温度：其云层内的温度可以低至零下224摄氏度

光环：多个，相比两个系统，都很暗弱

所属类型：冰质巨行星

海王星

重要数据

卫星数：14

质量：约为地球的17倍

直径：约为地球的4倍

绕日周期：约为地球上的165年

自转周期：只有16小时多一点儿

温度：零下235摄氏度

光环：一个很暗、很窄的光环系统，其中有5条主要的光环带

所属类型：冰质巨行星

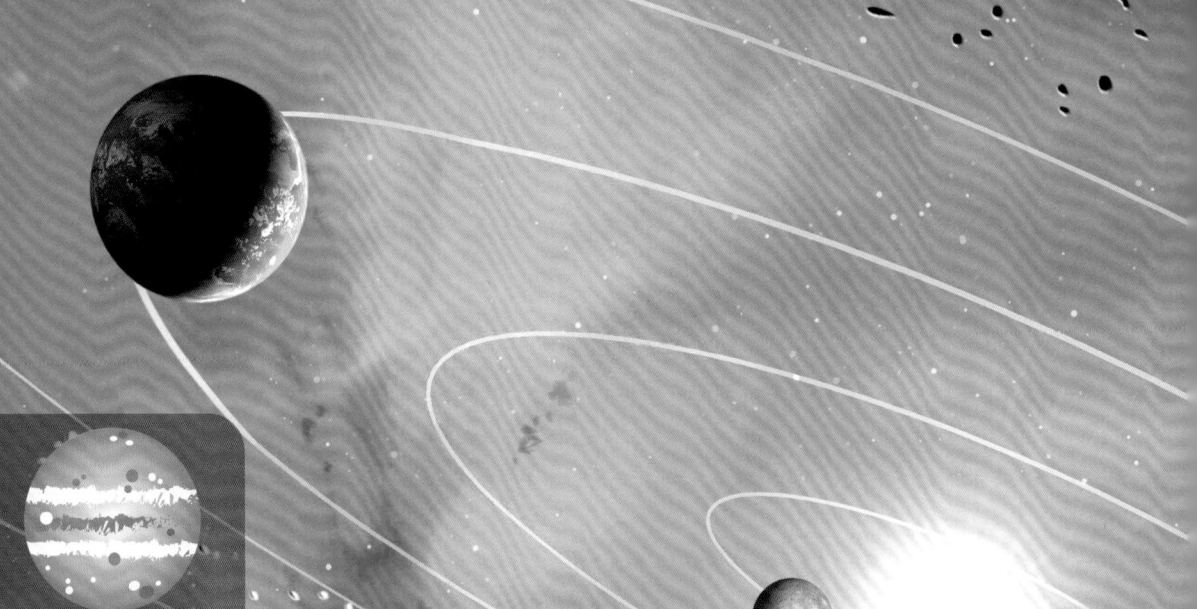

水星

重要数据

卫星数：0

质量：约为地球质量的0.055倍

直径：约为地球直径的三分之一，只比作为地球卫星的月球大一点儿

绕日周期：88地球日（即约为地球上的88天）

自转周期：自转一圈要花费超过地球上的58天，而这就是水星上"一昼夜"的长度

温度：白昼最高可达425摄氏度，而夜晚最低可达零下179摄氏度

所属类型：岩质内行星

金星

重要数据

卫星数：0

质量：约为地球的0.8倍

直径：与地球大致相同

绕日周期：约为地球上的225天，差不多等于2/3年

自转周期：自转一圈要用地球上的243天有余，也就是说，在金星上，"一天"比"一年"还长

温度：金星表面的平均温度可达452摄氏度，若你能平安到达那里，会看到连岩石都在高热的侵袭下发出微光

所属类型：岩质内行星

地球

重要数据

卫星数：1

质量：59万亿亿吨

直径：12 739千米

绕日周期：365.25天

自转周期：自身绕轴转一圈的时间略短于24小时

温度：平均15摄氏度

所属类型：岩质内行星

火星

重要数据

卫星数：2

质量：约为地球的0.1倍

直径：约为地球的一半，没有海洋，而陆地风貌也如地球多变

公转周期：地球上的1.8年

自转周期：相当于地球上的24小时37分，也就是说"火星日"仅比"地球日"稍长一点儿

温度：平均为零下63摄氏度，算是相当冷了，但最冷时可以低至零下138摄氏度

所属类型：岩质内行星

CHEETAH

HAIRY BODIES

All mammals have fur or hair at some stage. Some are completely covered by thick coats, while others have sparse or patchy hair.

AIR-BREATHING

Every mammal has lungs for breathing air, even those that spend time underwater.

HUMPBACK WHALE

WHICH MAMMAL WOULD YOU BE?

Answer the questions below to find your mammal match

1. Which of these words do you think best describes you?

A: Playful

B: Quirky

C: Loyal

D: Shy

2. If you could have a superpower, what would it be?

A: Mega intelligence

B: Defensive venom

C: Speed and endurance

D: Automatic armour

3. What are you like around new people?

A: I'm curious and excited

B: I tend to hide

C: I get nervous, but I don't let it show

D: I can't wait for them to go away

4. Where would you like to live?

A: Anywhere with an ocean view

B: Somewhere sunny, next to a river

C: Deep in the woods

D: The outskirts of a quiet village

5. Do you like to travel?

A: Absolutely, I love seeing different places

B: I prefer to stay close to home

C: Sometimes, especially if I'm with friends

D: I'm happy exploring my local area

6. Which of these annoys you most?

A: People who are always serious

B: Having my personal space invaded

C: Anything that upsets my loved ones

D: Someone trying to scare me or make me jump

IF YOU ANSWERED...

Mostly As, you're a...

BOTTLENOSE DOLPHIN

You've got the playfulness, intelligence and sense of adventure of a bottlenose dolphin. These marine mammals love learning new things and playing games with the rest of their pod. They're strong, agile swimmers, and some pods migrate long distances, swimming across oceans in winter in search of food and warmer waters.

Mostly Bs, you're a...

DUCK-BILLED PLATYPUS

You're independent and unique like a platypus. You enjoy a relaxed, quiet life and sometimes need people to give you a bit of space. If you ever feel a bit too different to everyone else, just remember people have been fascinated by this duck-billed, paddle-footed, egg-laying mammal for hundreds of years because it's so unusual.

Mostly Cs, you're a...

GREY WOLF

Just like a grey wolf, you're strong, brave and a great team player. You know that most things are easier with the help of your friends. Wolves hunt together as a pack, cooperating and taking on different tasks to get the job done. Some wolves are born to lead, while others are happier following instructions.

Mostly Ds, you're a...

EUROPEAN HEDGEHOG

You're reserved and shy, just like a hedgehog, but you're up for an occasional adventure as long as you know you'll be safe. Beneath the prickles, hedgehogs are hiding some surprising skills. They might not look it, but they're great climbers and strong swimmers when they need to be.

HISTORY OF COMPUTERS

原版英文音频

The word 'computer' used to mean a person who could carry out calculations, but the term is now used to describe the programmable machines that do maths for us. Ancient mechanisms intended to carry out calculations include the abacus, which is so old that we don't know when it was invented, and the 2,100-year-old Antikythera mechanism, which calculated the positions of night-sky objects. One hypothesis about the standing stones at Stonehenge is that they are aligned to predict astronomical phenomena such as eclipses, making them a kind of computer.

The Difference Engine was designed in 1820 by Charles Babbage as a mechanical calculator, but computers didn't really take off until the 20th century, when Alan Turing and Tommy Flowers at Bletchley Park in the UK created an electronic machine for rapidly cracking enemy codes during World War II.

Since then, we've seen a revolution in computing. Everything from running businesses to the creation of books is reliant on computers, and things like the internet and mobile phones wouldn't exist without them. Our modern world is run by computers, and if they were to stop working, life would never be the same again.

20,000 BCE

ISHANGO BONE
A baboon's leg bone, marked in three columns that may be a mathematical system. Discovered in 1950.

87 BCE

ANTIKYTHERA MECHANISM
An ancient orrery – a machine for predicting the movements of stars and planets – was pulled from a Greek shipwreck in 1901.

AUGUST 12, 1981

IBM PC
The first IBM PC, the 5150, with an Intel 8088 processor and up to 640kb of RAM, was launched 40 years ago.

1946

ENIAC
The first general-purpose, electronic, programmable computing machine.

TEST YOURSELF ③
Memorise the facts, close the book and write them down. How many can you remember and jot down in three minutes?

FIVE THINGS YOU NEED TO KNOW

ADA LOVELACE
Considered the world's first computer programmer, Lovelace was the only daughter of poet Lord Byron, and in 1842 wrote an algorithm designed to be run on Charles Babbage's proposed mechanical computer.

COMPUTERS TOOK US TO THE MOON
But there's more processing power in today's phone chargers than there was in the Apollo 11 guidance computer back in 1969.

MECHANICAL TURK
An 18th century hoax – on the outside it appeared to be a chess-playing analogue computer. In reality, there was a small man hidden inside who made the moves.

1206 CE

CASTLE CLOCK

Arab engineer Al-Jazari invents the Castle Clock, considered the earliest programmable analogue computer. The length of day and night were constantly reprogrammed so its solar orbit display was accurate.

1804

JACQUARD LOOM

An automatic weaving loom into which patterns are 'programmed' using punch cards.

1943-1945

COLOSSUS

Electronic, programmable machines built to read encoded enemy transmissions during World War II, the Colossi are the forefathers of all modern computers.

1823

DIFFERENCE ENGINE

Charles Babbage receives a grant of £1700 (worth £12,000 today) from the British government to create a mechanical calculating machine. He fails, but a working section of a machine is built from his plans in 1991.

4 DEEP BLUE

A computer called Deep Blue finally beat a human grandmaster at chess in 1996. It was a close match.

5 WEATHER FORECASTING

Many of the world's most powerful supercomputers are used to predict the weather. They only get it right about 80 per cent of the time at best.

WATCH THIS!

THE ANTIKYTHERA MECHANISM – A SHOCKING DISCOVERY FROM ANCIENT GREECE

The highly sophisticated ancient Greek astronomical calculating machine.

COLOSSUS – THE GREATEST SECRET IN THE HISTORY OF COMPUTING

Chris Shore talks about Colossus, how it came to be, how it worked, and how it changed the course of World War II.

1946 ENIAC COMPUTER HISTORY REMASTERED

A 1946 educational film about the ENIAC computer.

THE ORIGINAL IBM PC 5150 – THE STORY OF THE WORLD'S MOST INFLUENTIAL COMPUTER

The first IBM PC – the computer that's the ancestor of one you probably own.

HOW COMPUTERS WORK

原版英文音频

Everything in a computer comes down to maths, specifically binary numbers. Binary is a way of expressing numbers through only the use of 1 and 0, so 2 becomes 10, 5 is 101, 10 is 1010, and 20 is 10100. Don't worry about how this is achieved; what matters is that if you can express any number as a line of 1s and 0s, you can convert that into a sequence of on and off, or open and closed. This is why computers are referred to as 'digital'.

Inside a computer's processor are many, many transistors. An Intel Coffee Lake processor is estimated to contain 217 million transistors, all so small they are measured in nanometres – you'd need a microscope to see them. A transistor is effectively a switch – it's either open or closed, and this translates to 1 or 0. Groups of transistors can be organised into what are known as logic gates, from which the computer's ability to manipulate numbers arises.

We call this manipulation of numbers 'processing,' and it's what computers do all the time they're switched on. Even the movement of your mouse, and the subsequent repositioning of the pointer on-screen, is processed as numbers. The stream of numbers tells your monitor which of its pixels (the individual dots that make up its picture) to light up blue and which ones red, takes the input from your keyboard and makes words appear in your work processing application, and means you can snap a photo with your smartphone, wirelessly transfer it to your computer, and edit it.

The ability to be programmed is a very important part of how computers work. Without programming, there would be no friendly Windows desktop through which to interact with your applications – you'd have to type what you wanted in the processor's native binary language, called Machine Code, and understand what the computer sent back.

INPUT

You type on the keyboard, speak, or use the mouse or a graphics tablet to tell your computer what to do.

WHICH IS THE ODD ONE OUT?

MOUSE
PROCESSOR
KEYBOARD
GRAPHICS TABLET

ANSWERS: The processor is inside the computer

Computer memory is known as:

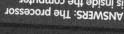

- [ ] RUM
- [ ] RAM
- [ ] RUB

QUIZ

HOW WELL DO YOU KNOW COMPUTERS?

WHAT ARE COMPUTER PROCESSORS LARGELY MADE UP OF?

A: Chips
B: Transistors
C: Cheese

WHICH NUMBERS ARE USED IN BINARY?

A: 1 and 0
B: 8 and 10
C: 3 and 6

WHAT'S 5 IN BINARY?

A: 203
B: 555
C: 101

WHAT ARE THE DOTS THAT MAKE UP A MONITOR'S PICTURE CALLED?

A: Squares
B: Pixels
C: Blobs

WHAT'S THE 'NATIVE LANGUAGE' OF A COMPUTER CALLED?

A: Machine code
B: Raspberry language
C: Python

ANSWERS: B, A, C, B, A

MEMORY

Your instructions are stored in the computer's memory until it can execute them.

PROCESSING

Your instructions are processed, and a response is transferred back to the memory.

OUTPUT

The result of your instructions is displayed on the screen, or through any other method you choose.

英文单词记录表

✓	序号	words	translation & soundmark
☐ ☐ ☐			
☐ ☐ ☐			
☐ ☐ ☐			
☐ ☐ ☐			
☐ ☐ ☐			
☐ ☐ ☐			
☐ ☐ ☐			
☐ ☐ ☐			

	序号：	日期：	页码：

✓	words	translation & soundmark
☐ ☐ ☐		
☐ ☐ ☐		
☐ ☐ ☐		
☐ ☐ ☐		
☐ ☐ ☐		
☐ ☐ ☐		
☐ ☐ ☐		
☐ ☐ ☐		
	序号：	日期： 页码：

✓	序号	words	translation & soundmark
☐ ☐ ☐			
☐ ☐ ☐			
☐ ☐ ☐			
☐ ☐ ☐			
☐ ☐ ☐			
☐ ☐ ☐			
☐ ☐ ☐			
☐ ☐ ☐			

序号：　　　　日期：　　　　页码：

3

Future GeNiuS

未来科学家

神奇的
计算机
及编程入门

COMPUTERS
& Learn How To Code

[英]英国 Future 公司◎编著   程晨◎译

人民邮电出版社
北京

这本书里有什么

2

什么是计算机

从根本上来说，计算机就是能够进行数学运算的机器。世界上的一切都可以简化为数学运算，从显示游戏中的图形到计算行星的轨道，现代计算机比人类更擅长快速的数学运算。计算机的另一个重要特性就是它可以编程——即可以设定要完成任务的列表，而这要归功于编程语言，编程语言构建的指令是计算机能够理解的，另外计算机还可以运行专门帮助人们做某事，比如编写一本书或编辑一段视频的应用程序。

如今，计算机无处不在。你手上的智能手机就是一台计算机。你的电视机、洗衣机甚至门铃当中都有计算机的身影。正常运行的计算机需要包含处理器、内存（RAM）、存储器（磁盘驱动器或固态存储设备，如存储卡）以及信息的输入/输出接口。有些应用场景是一个完整的系统，具有像键盘和显示器这样的通用型输入/输出设备；而有些应用场景则要通过其他方式和计算机进行交互——例如用手机应用程序来控制的设备，或

者那些只能实现一种功能的设备，比如电视遥控器。

计算机的奇怪之处在于，随着它们变得越来越强大和复杂，人类却越来越擅长制造它们，同时制作它们的部件也变得越来越小。一种称为量子计算机的特殊计算机甚至使用原子或分子量级的粒子组来进行数学运算。因此，50年前占据整个房间的计算机今天已完全可以被放进口袋。

主机

我是整个设备的大脑。有时我会与显示器整合在一起，有时会在一个单独的盒子里。处理器、内存和存储器都在我这里。

显示器

我会显示计算机及使用者希望我显示的内容。我可以像电视机那么大，也可以与主机整合成"一体机"。

键盘

人们通过在我身上打字与计算机进行交互。我可以是无线的，也可以通过电缆连接到主机。

鼠标

人们通过移动我来与计算机交互，当我移动的时候，显示器上会有个指针跟着一起移动。当显示器上的指针指向某个内容的时候，人们还可以使用按键来单击这个内容。

试一试!

看看在家里或学校的计算机。你能找到本页中列出的所有部件吗？在便利贴上写下各部分的名称，将它们贴在计算机对应的部分，然后检查一下你是否都对了。

找单词

你能在下面的区域中找到与计算机相关的英文单词吗？在本书的后面你会遇到它们。

```
R J O S Y X G M A M T P G I
F X V G E B K H G J U R F N
O D A R D E N S J N O O W T
G T Q A W G O D X M X C H E
M G L P Z H P M O U S E J R
E D N H F I T D Q W S S Z N
M O N I T O R G L K F S F E
O V N C H J U O M J X O I T
R S R S D K E Y B O A R D P
Y K S F L K V F V Q F B D G
F Q V P I X E L P G J W J L
F I W L D G Z N W S D L A D
C A B L E S X M L D S V B N
D G Z V O D W I R E L E S S
```

- MONITOR
- PROCESSOR
- KEYBOARD
- CABLES
- WIRELESS
- INTERNET
- BIG NUMBERS
- PIXEL
- MEMORY
- MOUSE
- GRAPHICS

答案：MONITOR（显示器）；PROCESSOR（处理器）；KEYBOARD（键盘）；CABLES（电缆）；WIRELESS（无线）；INTERNET（互联网）；PIXEL（像素）；MEMORY（内存）；MOUSE（鼠标）；GRAPHICS（图形）。

有趣的数字

460亿
2021年连接到网络的设备数

2100
已知最古老的模拟计算机安提凯希拉装置的大致年龄

8 266 752
截至2021年4月，全球最快的日本富岳超级计算机的处理器核数

30吨
1946年第一台通用电子计算机ENIAC的重量

猜谜游戏

完成拼图，看看这是计算机的哪个部件？

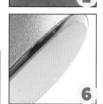

1	2	3
4	5	6
7	8	9

计算机的历史

计算机的英文名称为"computer"，这个词以"er"结尾，以前是表示会计算的人，不过现在这个术语是用来描述能够帮助我们进行数学运算的可编程设备。最古老的运算设备应该是算盘，不过它的历史太久远，我们无法确定是谁发明了算盘。接着出现的是有2100年历史的安提凯希拉装置，这个装置能够计算夜空中天体的位置。有人认为巨石阵也能够预测日食之类的天文现象，因此它也可以算是一种计算机。

查尔斯·巴比奇（Charles Babbage）在1820年设计了一种机械的计算器——差分机，但计算机的高速发展还要等到20世纪，第二次世界大战期间，当时在英国布莱切利庄园工作的艾伦·图灵（Alan Turing）和汤米·弗劳尔斯（Tommy Flowers）发明了一种用于快速破解敌方密码的电子设备。

之后，我们见证了一场计算的革命。我们身边的一切，从经营企业到图书出版，一切都与计算机有关。如果没有计算机，互联网以及手机之类的一切就不会存在。现代世界可以说是由计算机推动的，如果它们停止工作，我们的生活将无法想象。

公元前20000年

伊桑戈骨
一段狒狒的腿骨，上面有3个竖道的标记，可能是一种计数系统。1950年发现。

公元前87年

安提凯希拉装置
一个古老的天文装置，能够计算天体的运行轨迹，1901年在希腊沉船中发现。

1981年8月12日

IBM PC
第一台IBM PC 5150于40多年前推出，当时的配置是Intel 8088处理器和最高640KB的RAM。

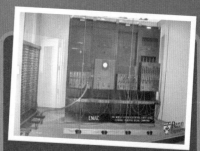

1946年

ENIAC
第一台通用的、可编程的电子计算机。

5个小知识

阿达·洛芙莱斯
洛芙莱斯被认为是世界上第一位计算机程序员，她是诗人拜伦勋爵的独生女。在1842年，她编写了一种算法，以在查尔斯·巴比奇设计的机械计算机上运行。

机械特克（也称为土耳其机器人）
一个18世纪的骗局——从外形上来说，这是一台能够下国际象棋的模拟计算机。但实际上，其内部藏着一个操作机器的小个子男人。

带人类登月的计算机
今天的数显电子表充电器的处理能力都比1969年在阿波罗11号上进行导航的计算机性能要强。

自我测试

记住右侧这些小知识，合上书并将它们写出来，看看3分钟内你能记住多少？

1206年

城堡时钟

阿拉伯工程师阿尔·贾扎里（Al-Jazari）发明的城堡时钟，被认为是最早的可编程模拟计算机。由于可以不断重新设定昼夜的长短，因此时钟能够正确显示太阳轨道。

1804年

提花织机

使用穿孔卡片进行图案"编程"的自动织布机。

1823年

差分机

查尔斯·巴比奇从英国政府那里获得了1700英镑（今天约价值12 000英镑）的拨款用于制造机械计算机。最终他失败了，不过后人根据他的设计在1991制作了一台完整的能够正常工作的差分机。

1943—1945年

巨人

巨人是第二次世界大战期间为破解敌方通信密码而造的电子可编程机器；它是所有现代计算机的先驱。

4 深蓝
1996年，一台名为深蓝的计算机在一场国际象棋比赛中，最终击败了一位人类国际象棋大师。

5 天气预报
许多强大的超级计算机都在用于预测天气。不过预测结果只有80%是正确的。

扩展知识！

尝试在网上查找资料，了解更多有趣的知识。

安提凯希拉装置——来自古希腊的惊人发现
高精度的古希腊天文计算装置。

巨人——计算机历史中的机密
克里斯·肖尔（Chris Shore）讲述巨人的故事——它的来历、工作方式，以及如何改变了"二战"的进程。

重制版1946年ENIAC计算机的历史
1946年关于ENIAC计算机的教育性的电影。

IBM PC 5150的诞生——世界上最具影响力计算机的故事
第一台IBM PC——这台计算机是你身边计算机的祖先。

身边的计算机

接收信息并进行数字化处理的设备都可以被称为计算机，因此今天它们几乎无处不在。如果你通过鼠标和键盘与计算机进行交互，那么鼠标和键盘也算计算机——鼠标和键盘中的芯片很少，通过有线或无线的方式与主机通信。

你的手机是一台功能强大的计算机，其实，你的任意一个"数字助理"设备都是一台计算机。有的灯泡里也有一个微型计算机，你可以通过通信来控制它们。你的手机充电器里同样也有一台计算机，而洗衣机上选择洗衣程序的操作面板也连接了某种类型的计算机，这你一定猜到了。

让你的计算机能够上网的路由器是一台计算机，托管像 Netflix 和 Spotify 这些网站、提供流媒体服务的服务器则是比一间屋子还要大得多的计算机。你对数字助理所"说"的任何内容或使用网络搜索引擎搜索的任何内容都会被发送回数据中心并使用很多计算机进行分析以帮助你解决问题。

在城市里，很多区域都覆盖了摄像头，这些摄像头里面也包含了计算机，摄像头的计算机会将图像发送给更多的计算机进行处理和存储。进入一家商店，你不但需要和计算机交互完成购买（这种交互通常是通过商店里结账的店员完成的），而且还可以使用手机来付款。在线购买就更不用说了，你要买东西就必须通过一台计算机与另一台计算机交流。

晚上我们关上手机，找一个远离城市的地方，抬头仰望天空，如果幸运的话，你可能会看到卫星绕地球运行的轨迹。你猜怎么着？它们也含有计算机。计算机无处不在，没有它们就没有我们这个现代化的世界。

手机充电器

为了避免手机充电的时候过充，很多充电器里设有一个管理充电过程的微型计算机。

计算机鼠标

SteelSeries Sensei 不仅是一款简单的控制鼠标指针的设备，它是 2011 年推出的配备了 32 位 ARM CPU 的鼠标。

ATM机

尽管在数钱时听起来很机械，但 ATM 机通常运行 Windows 系统，而且错误的按键次序还可能导致"蓝屏死机"。

是真是假？

蓝牙技术是以一位维京国王的名字命名的？

真或假

以下哪一项是无线网络技术？

 Wi-Fo?

 Wi-Fi?

 Wi-Fum?

鱼缸

Business Insider 网站 2018 年的一份报告讲述了一家公司被"黑"的故事。窃贼通过鱼缸中支持 Wi-Fi 的温度计进入网络，成功地获取了公司高端客户的数据库。

触摸条

MacBook Pro笔记本电脑上的触摸条中也有一个处理器,它可以被看成是计算机中的计算机。

咖啡壶

世界上第一个网络摄像头是用来监视咖啡壶的,这样人们就知道什么时候要补充咖啡粉了。1993年,剑桥大学的计算机科学研究人员将摄像头的视频流连到了网络,此后连续直播了10年。

试一试!

想一想身边还有哪些地方有计算机,在下面的空白处写出来。为什么你觉得它们是计算机,它们的主要作用是什么?

160亿只螃蟹

2011年发表了一篇特殊的科学论文,论文作者计算出80只和尚蟹可以模拟CPU的单个逻辑门。一位推特用户更进一步,提出16 039 018 500只螃蟹能够运行游戏《Doom》的设想。

在哪里能发现计算机?

海洋

2020年夏天,微软尝试在奥克尼群岛附近的水下部署数据中心。该数据中心位于一个密闭的容器中,通过海水冷却,免受人类的干扰。微软宣布实验成功。

运动鞋

2018年,彪马发布了一款智能运动鞋,这款运动鞋内置传感器,能够测量运动期间所走的步数、行走的距离和消耗的热量,这些数据会通过蓝牙发送到智能手机的App。

灯泡

任何Wi-Fi连接技术都包含了一台计算机,曾经有人在宜家智能灯泡的处理器上运行了游戏《Doom》。

计算机的工作原理

计算机归根结底就是数学，特别是二进制数。二进制是一种只用1和0来表示数字的方法，因此十进制中的2应表示为10，十进制中的5表示为101，十进制中的10表示为1010，十进制中的20表示为10100。不用担心具体是怎么实现的；我们只需要理解，如果可以将任何数字表示为一行由1和0组成的序列，那么就能将其转换为开/关或是通/断的形式。这就是计算机通常被称为"数字计算机"的原因。

计算机处理器内部有许多许多晶体管。据估计，英特尔Coffee Lake家族处理器包含了2.17亿个晶体管，这些晶体管都很小，以纳米为单位——你需要用显微镜才能看到它们。晶体管可以被理解为一个开关——要么打开要么关闭，对应的就是1或0。多个晶体管组合在一起就能实现逻辑门的功能，而计算机操作数字信号的基础能力就来自逻辑门。

我们称这种数字信号的操作为"处理"，而这就是计算机在开机之后一直在做的事情。甚至鼠标的移动，以及随着鼠标移动屏幕上鼠标指针的重新定位，都是数字信号的处理。数字流告诉你的显示器哪些像素（构成图片的单个点）显示为蓝色，哪些显示为红色。从键盘获取输入并使文字出现在你的工作应用程序中，同样的还可以用智能手机拍摄一张照片，然后将其以无线信号的形式传输到你的计算机当中进行编辑。

可编程的能力是计算机能够正常工作的重要因素。如果不能编程，就不会有友好的Windows桌面来与你的应用程序进行交互——这样你就必须将你想输入的内容转换为处理器能够明白的二进制语言（称为机器码）之后再完成输入，同时还要能够理解计算机返回的二进制内容。

输入

你可以通过在键盘上打字、语音输入，或者使用鼠标或绘图板来告诉你的计算机该做什么。

哪一项不同？

鼠标
处理器
键盘
绘图板

答案：（在计算机里面的）处理器。

计算机内存一般被称为：

■ RUM
■ RAM
■ RUB

小测试

计算机处理器主要由什么组成？
A: 芯片
B: 晶体管
C: 奶酪

二进制使用的是哪两个数字？
A: 1和0
B: 8和10
C: 3和6

5的二进制表示是？
A: 203
B: 555
C: 101

构成显示器画面的点叫什么？
A: 方块
B: 像素
C: 斑点

计算机能够识别的语言是？
A: 机器码
B: 树莓派语言
C: Python

答案：B; A; C; B; A。

内存

你的指令会存储在计算机的内存中，直到它们被执行。

处理器

处理你的指令，并将响应传回内存。

输出

你的指令的处理结果将显示在屏幕上，或通过你选择的其他方法显示。

计算机的内部

计算机内部有4个主要的部件，没有它们计算机就无法工作。这些部件包括：处理器（CPU，中央处理器），处理所有数据的地方；内存（RAM），用于存储指令，处理器可以快速访问内存，不过关机之后其中的内容会丢失；存储器，速度慢但容量大，当关闭计算机后依然能够保留数据。

这3个部件会插入第四个部件：主板。这是一块巨大的电路板，上面布满了接口和插槽，还有一些接口露在计算机外壳表面，这样你就可以连接键盘和显示器之类的东西。主板将所有部件连接在一起，并让它们相互通信。如果一台计算机要用来玩游戏或进行3D渲染，这时可能还会有一个称为显卡或图形处理单元（GPU）的额外部件。

所有这些电子部件都需要电源，因此在计算机机箱内或机箱与电源插座之间通常会找到电源单元——它们从插座获取电能并将其变成适合计算机使用的电能。有时，计算机内部的部件会发热，因此你有可能会在机箱内看到用于降温的风扇，尤其是在CPU和GPU上面。还有一些计算机用户，特别是那些自己组装计算机的用户，喜欢用彩色的灯光来装饰计算机机箱的内部，你可以通过透明的侧面板看到彩色的灯光。

这些基本部件在树莓派这样的微型计算机、笔记本电脑、iMac这样的一体机，以及大型台式游戏机中都可以找到。它们同样存在于智能手机和平板电脑，以及服务器和数据中心当中。

你能记住并回忆出这个页面上所有的内容吗？

这些是哪些部分？

字谜游戏

1 RDAHRVDIE

2 ERRMBADOTOH

3 EPRSORCOS

4 RYOMEM

5 CPHGIRASACDR

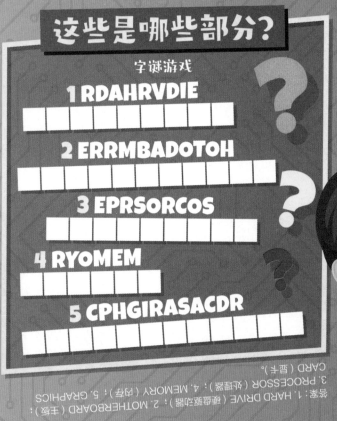

哪一项不同？

哪个不是常见的计算机部件？

存储器　　显卡

内存

橡皮鸭

处理器

答案：1. HARD DRIVE（硬盘驱动器）；2. MOTHERBOARD（主板）；3. PROCESSOR（处理器）；4. MEMORY（内存）；5. GRAPHICS CARD（显卡）。

内存

我是随机存取存储器（常简称内存，英文缩写RAM）。我真的很快，但我空间不大，CPU使用我来存储它需要快速读写的指令和数据。

中央处理器

我是计算机的"大脑"，是处理所有数据的地方。

存储器

我是硬盘（hard drive）、固态硬盘（SSD）或存储卡。我比RAM慢得多，但可以长时间存储数据。

主板

我是一块巨大的电路板，所有其他部件都插在我的上面。通过螺丝可以将我固定在计算机的外壳内，然后其他所有部件都可以牢固地固定在我的身上。

计算机硬件

计算机硬件是指物理意义上的计算机及连接到计算机的所有设备。前面我们已经介绍了计算机内部的硬件，现在让我们看看接在外部的硬件。这些设备通常被称为"外围设备"，它们能够扩展计算机的功能，让你的计算机完成绝大多数工作。

外围设备可以是打印机、扫描仪、绘图板、闪存驱动器、话筒或任何可以连接到计算机的设备。USB（通用串行总线连接标准，1996年推出，之后经过多次版本修订）的出现使得为个人计算机添加外围设备变得非常容易——你只需将它们插入接口，外围设备要么立即工作，要么会下载一个被称为"驱动程序"的软件来帮助它们工作。

越来越多的硬件（例如打印机和扫描仪）可以无线连接到家庭网络，从而允许连接到网络的任何其他计算机使用它们。同时，将打印机和扫描仪作为一体机出售的趋势则意味着许多家庭或办公室只需要一台设备，因此此类硬件的数量是比过去少的。

任何插入计算机并与之交互的设备都可以被视为外围设备——无论是内置了图像处理计算机的数码相机，还是通过MIDI接口连接的乐器，或者是常用于网络直播或网络视频电话的USB话筒和网络摄像头。外围设备为计算机添加了功能，没有它们的话也不会影响计算机的正常工作。

以下哪一项是将外围设备连接到计算机的常用方法？

☐ USB?
☐ UPS?
☐ TSB?

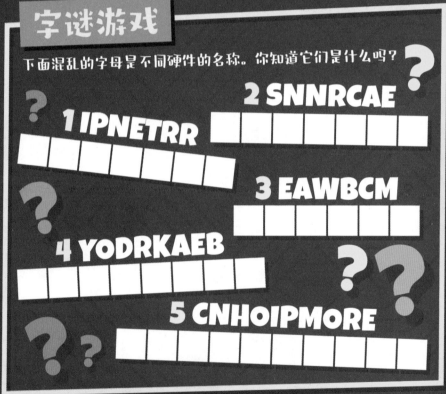

字谜游戏

下面混乱的字母是不同硬件的名称。你知道它们是什么吗？

1 IPNETRR

2 SNNRCAE

3 EAWBCM

4 YODRKAEB

5 CNHOIPMORE

答案：1. PRINTER（打印机）；2. SCANNER（扫描仪）；3. WEBCAM（网络摄像头）；4. KEYBOARD（键盘）；5. MICROPHONE（话筒）。

打印机/扫描仪

这些日常接触的外围设备可能不是太有趣，却是最有用的。

网络摄像头

这些小巧、便宜的摄像头彻底改变了我们的交流方式。

外接话筒

这些话筒的质量比你视频通话时使用的话筒质量要好，它为直播增添了专业的声音。

音乐键盘

很多乐器可以连接到计算机上，以便你录制和编辑自己的作品。

计算机软件

如果没有软件，我们的计算机什么也做不了。当我们打开它们的时候，将无法发出哔哔的声音，或是点亮显示器，甚至无法将两个数相加。

软件是我们编写的命令列表，用于告诉计算机要做什么，也是帮助我们完成工作的应用程序。它是我们玩的计算机游戏及我们听音乐使用的App。

有一种不同类型的软件，我们称为操作系统，它为计算机提供了使用其硬件所需的一切，以及为我们准备好与计算机交互所需的一切。典型的操作系统包括Windows、macOS和Linux。

编写的软件必须在特定的操作系统和特定类型的硬件上运行。目前大多数PC软件都是针对Windows编写的，硬件上则是兼容英特尔（Intel）和AMD的处理器。不过，苹果正在将它的计算机从英特尔的处理器变为自己制造的基于ARM的处理器，因此它的大部分软件都需要重写。编写软件通常被称为"写代码"，这个内容我们将在本书后面的内容中深入展开。

我们使用的大部分软件都归编写它的公司所有，这些公司会收取使用费。不过，一场以Linux操作系统为中心的自由软件运动中，软件是免费的，包括Linux操作系统。像这样的软件通常被称为"开源软件"，因为任何人都可以查看源代码并进行修改，而这对于你付费购买的软件来说是不允许的。有时，闭源软件也是免费的，所以如果你要修改软件，那么需要知道允许做什么样的修改。

办公软件

Microsoft Office这类的应用程序会将办公当中用到的应用程序（例如文字处理软件、电子表格软件和演示文稿软件）汇集在一起。

视频编辑

如果你从事电影制作行业，那么将需要像Da Vinci Resolve这样的视频编辑软件。它能将摄影机拍摄的素材拼凑成一个整体，还可以编辑配乐甚至添加特效。

照片编辑

出版图书、杂志或报纸的场景通常需要像Adobe Photoshop这样可以处理静态图像的照片编辑软件。大多数时候它只是让图片更亮或色彩更丰富，但也可以创建多个图像合并在一起的蒙太奇效果。

3D建模

为电子游戏创建角色或制作电影特效需要像Blender这样的3D建模软件和性能强大的计算机。《玩具总动员》和《星球大战》这样的电影大量地使用了这类软件。

哪一项不同？

哪个与其他不一样？

微软Windows

Blender

Adobe Photoshop

Da Vinci Resolve

答案：Windows，它是一个操作系统而不是一个应用程序。

找不同

这张图片在软件中编辑过。你能找出其中4处不同吗?

找单词

你能找到这些软件的单词吗?

```
J M P L S L I O J D H H J I
O F F I C E H F D B N M S D
G J P N A T L X O V K O P S
M K J U D A L H X I N T E L
S Q L X I K G D L X K X X
Q I P I U A P P L E J W T J
L S W J H M T R J O H I U L
K P U N L N W D I G I N I N
M I C R O S O F T M D D N F
V H N W L P Y K J A H O M C
K L Q K Y D L Q H E Q W S H
O S L T T Y J X L G K S F X
T T W S O L F C B H F A G G
W Q U P H O T O V J M X M X
```

PHOTO VIDEO OFFICE
WINDOWS APPLE
LINUX INTEL MICROSOFT

有趣的数字

41.4%

世界上最受欢迎的操作系统是安卓(Android),2021年在所有互联网的设备中占有41.4%的市场份额。

72.3%

2021年运行Windows的笔记本电脑和台式计算机的比例。

2.1亿

2019年交付给客户的计算机数量。

5000万

Windows 10操作系统中的代码行数。

计算机如何思考

计算机的思考方式与你不同。它们的处理器和你的大脑完全不同，所以很难让它们以相同的方式"思考"。计算机处理信息并得出答案，其实是将所有内容分解为可以解决的数学问题，而不是像人类那样理解问题。

教计算机解决问题称为"机器学习"（machine learning），其中涉及算法（algorithm）的编写。算法也是计算机可以执行的指令列表——这有点像程序——不过它们需要根据执行结果进行调整。因此，如果想让计算机学习如何走直线，你需要在每次失败时调整参数。调整计算机的参数是非常快的，在计算机处理器变得越来越强大的情况下，我们可以非常容易地训练计算机完成重复性的任务。

想让计算机成为像人类思考方式一样的"人工智能"（artificial intelligence），是非常困难的。这是许多计算机研究人员的目标，不过目前我们还无法制造出一个能让我们无法分辨是人还是计算机的简单的聊天机器人。比人类聪明数百倍，将统治整个星球并同时进行数千次对话的"真"人工智能，仍然仅存在于科幻小说中。

真正像我们一样思考的计算机被称为神经形态计算（neuromorphic computing，neuro 的意思为"大脑"，morphic 的意思为"形态"）。这种计算是参考了实际大脑传递、处理信息的模式而设计的，这种形式非常新，不过人们希望这种技术能够提供新方法来创建更像我们的人工智能。

HELLO WORLD!

编程

打印5次"Hello World!"的算法。

开始

↓

Count = 0

↓

打印Hello World!

↓

Count = Count + 1

↓

判断Count <5是否成立？ ——是——

否

↓

停止

填空

用所提供的词填空

1 _____是需要调整的指令列表。

2 _____执行算法中的指令。

3 教计算机被称为_____。

计算机　　**算法**

机器学习

答案：1. 算法; 2. 计算机; 3. 机器学习。

哪一项不同?

哪一种方式不算是计算机编程?

算法
软件
诗歌
编程

字谜游戏

1 COIPEUHMRNRO

2 EINNGILTLEEC

3 LNNAIERG

4 TRSNAROSTI

5 HTROLMAGI

答案：1. NEUROMORPHIC（神经形态）；2. INTELLIGENCE（智能）；3. LEARNING（学习）；4. TRANSISTOR（晶体管）；5. ALGORITHM（算法）。

有趣的数字

2250

1971年，英特尔4004 CPU中的晶体管数量。

134 000

1982年，英特尔80286 CPU中的晶体管数量。

4200万

2002年，英特尔Pentium 4 CPU中的晶体管数量。

3亿

2019年，英特尔Ice Lake家族CPU中的晶体管数量。

向计算机发出指令

可以通过许多不同的方式向计算机发出指令。最简单的方式是使用鼠标在操作系统桌面上打开窗口并移动文件。其实在较早的时候，所有的指令都需要使用键盘和复杂的文本命令来输入——如果你打错了一个字母，则会收到一条"语法错误"的提示消息，说明你的命令将无法执行。

计算机是非常直接的，你必须以完全正确的方式准确地告诉计算机要做什么，否则它们就不会执行指令。现在，主要的桌面操作系统上使用的WIMP交互形式（窗口windows、图标icons、菜单menus、指针pointers）在一定

程度上解决了这个问题，但是一旦要对计算机进行编程，则对准确度的要求又会提高。

许多计算机都有一个终端命令行工具，用这个工具你可以直接通过文本的形式向计算机发出指令。如果你有一台树莓派计算机，那么可能就会对终端命令行工具比较熟悉，因为使用它是更新操作系统和安装新应用程序的最简单方法。Windows和macOS中也有终端命令行工具，虽然它远不及图形桌面那么友好，但是工具中会有提示符引导你开始输入指令。

无论选择何种方式发出指令，它们

的处理方式都是相同的，即操作系统进行文件管理和应用程序安装，而应用程序本身维持自己的窗口状态，当窗口处于激活状态时就会接收你的指令。编程环境本身可以作为应用程序运行，例如Scratch。对于Python之类的编程语言，你可以在文本编辑器中直接编写代码。

以这种方式编写的代码可以在它们的编程环境中运行，如果编写的是HTML文件，则HTML文件可以在浏览器中运行。不过在文本编辑器中编写的代码需要编译以作为应用程序运行。这意味着将它们从编写它们的语言翻译成了机器码，即变成了计算机本身的语言。

试一试！

更新你的树莓派

需要什么
- 一台树莓派笔记本电脑
- 连接网络
- 键盘和鼠标

步骤

1. 用鼠标单击任务栏上的树莓按钮，在附件菜单中选择终端命令行工具。
2. 在提示符后面输入"sudo apt update"。
3. 观察包管理器列出的可以更新的内容。
4. 输入"sudo aptupgrade"。
5. 如果需要的话输入"y"。
6. 更新完成后关闭终端命令行工具。

学到了什么？

像这样进行树莓派的软件和操作系统更新可以保证你安装的始终是最新版本，这一点非常重要。你可以滚动观看文本以查看还有哪些内容已被更新。

试一试！

更新Windows 10/11

需要什么

- 运行 Windows 10 或 11 的计算机
- 连接网络

步骤

1 用鼠标单击Windows开始菜单。

2 找到"设置"并单击"设置应用程序"。

3 单击"Windows更新"链接。

4 单击"检查更新"按钮。

5 按照指示逐步操作。

学到了什么？

这是一种完全不同的操作系统更新方式，Windows几乎不使用基于文本的指令，而是更喜欢基于鼠标的图形交互形式，这种方式不会像操作树莓派那样可以获得很多的反馈。

试一试！

重启

需要什么

- 一台树莓派笔记本电脑
- 键盘和鼠标

步骤

1 打开树莓派的终端命令行工具。

2 输入"sudo reboot"。

3 按下Enter（回车）键。

学到了什么？

这只是重新启动树莓派，但这是一个能马上看到效果的终端命令。"sudo"是"superuser do"的缩写，这意味着你可以执行比你的用户权限更高的命令——有些系统在执行这类命令前会要求你输入管理员密码，但树莓派不需要。

网络

我们所说的网络（Internet），即万维网（World Wide Web），2021年就已经30岁了。它由蒂姆·伯纳斯-李在瑞士CERN实验室工作时创建，最初是作为与同事共享数据的一种工具。网络可以看成是很多网页的集合，而网页又是通过类似HTML这类的超文本语言（一种允许通过链接及附加图形内容进行交叉引用的文字描述）编写的。网络的URL也是需要特别关注的，这是一种使用"www"作为识别开头的语法，这种语法对应着整体资源的位置。网页可以通过浏览器来访问：你可能知道其中的一些，比如Edge、Safari和Google Chrome。

我们与之交互的万维网实际是搭建在网络上的，万维网和网络听起来像是同一个词。网络是由相互连接的服务器节点、互联网协议（Internet Protocol，IP）地址和大量的电缆组成的系统，通过这个系统使得美国西海岸网站的数据能够被英国埃塞克斯郡的笔记本电脑，或是世界上任何地方的计算机读取。

如今，网络已融入我们的生活——我们用它来了解新闻、看电视、给长辈发消息、玩游戏、听音乐，甚至于在我们外出购物时，可以通过家庭摄像头了解家里的情况。所有这些通过网络都能轻松实现。

网页可以是静态的，这样它们就会完全按照编写的方式显示；也可以是动态的，这种情况下它们是由服务器上链接到页面数据库的程序生成的。静态页面往往比较简单，不过大型新闻机构为了能够不断地发布新闻使用的大都是动态页面，这样，网页顶部会出现数据库中最新添加的内容。

更复杂的页面被称为网络应用程序——它们就像计算机上的应用程序一样，只不过它们是在浏览器中运行的，使用的是云服务器。比如编程环境Scratch。

试一试！

Hello world

需要什么

• 计算机
• 一个像"记事本"这样的文本编辑软件
• 浏览器

步骤

1 打开"记事本"或其他纯文本编辑器，注意不能用Word这样的软件。

2 输入：

```
<html>
 <head>
 </head>
 <body>
 <h1>Hello World<h1>
 </body>
</html>
```

3 将文件另存为helloworld.html。

4 双击该文件，并在出现提示时用浏览器打开。

5 查看显示输出。

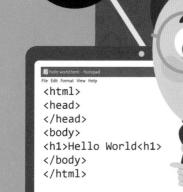

学到了什么？

这里你编写了一段简单的HTML代码，实现的效果是在浏览器中以大粗体字母显示"Hello World"。你可以更改两个<h1>标签之间的内容以更改网页上显示的内容。

哪一项不同？

你在网络上找不到以下哪些内容？

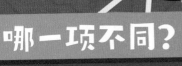

网页

网络应用程序

网站

网络花园

字谜游戏

下面混乱的字母都与网络有关，你知道它们是什么吗？

1 TETERNIN

2 SWIEBTE

3 ROOCTPLO

4 SEBWORR

5 ODWELIWDR

答案：1. INTERNET（互联网）；2. WEBSITE（网站）；3. PROTOCOL（协议）；4. BROWSER（浏览器）；5. WORLDWIDE（遍及全球）。

试一试！

在 Windows 上查看计算机的 IP 地址

需要什么

• 一台安装了 Windows 的计算机

步骤

1 弹出开始菜单，输入 "cmd" 打开命令行工具。

2 在提示符后面输入 "ipconfig"。

3 查看 "IPv4 address" 下的显示内容。

学到了什么？

这会显示大量有关你的 PC 的网络连接信息，不过我们只对 IP 地址感兴趣。这组数字是家庭网络上你的 PC 的地址，IP 地址数字大都是 192.168.X.X 的形式，因为它们是为家庭使用而保留的。我的 IP 地址是 192.168.1.48，而我的路由器（默认网关）的 IP 地址是 192.168.1.1。

我看到了自己计算机的IP！

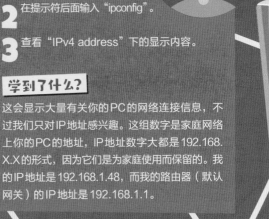

如何操作你的计算机：
尝试一些很酷的操作

只靠计算机而没有你的参与，计算机做不了任何事情。没有得到你的命令，它会一直等在那里，直到计时的时间用完进入休眠状态以节省电力。

我们给计算机的命令必须是正确的。计算机按照"rubbish in, rubbish out"（不好的输入一定会得到一个不好的结果）的原则运行；因此，如果你的命令不正确，那么最终也不可能得到预想的结果，或者干脆得到一个错误提示信息。

为了解决这个问题，我们专门开发了许多的编程语言，也开发了一种包含菜单、窗口和指针的便捷语言，这意味着熟悉它们工作方式的人坐在任意一台计算机前，都能够完成一些事情。我们打开应用程序和处理文档的方式在Windows、macOS或Linux机器上都是一样的，而且20年来基本也都一样。有一些特殊的人——很多Linux用户喜欢命令行的工作方式（就像20世纪80年代一样），但是我们为日益强大的计算设备发明的更加友好的前端，也使得为计算机提供正确的命令集不再像以前那么困难了。

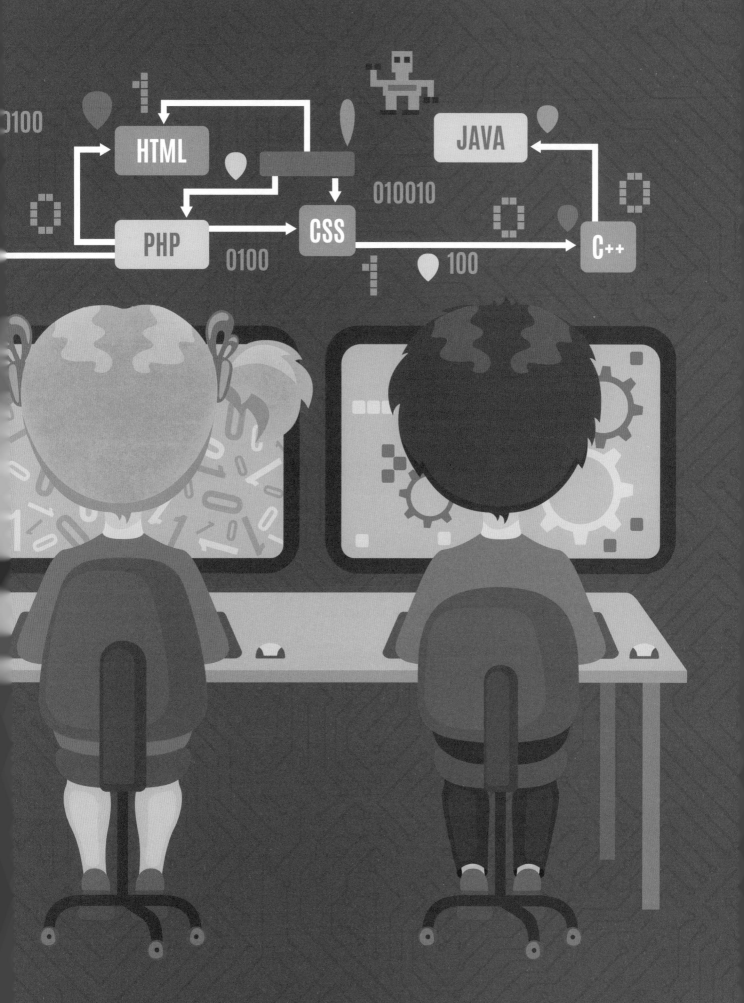

基本计算机操作

认识右键菜单

你的鼠标有两个主要的按钮。第一个（左）用于直接交互——单击选择，双击打开文件和文件夹；而右侧的按键则用于打开一个上下文相关的菜单，通过这个菜单可以做更多的事情，例如删除文件、复制、粘贴及创建新文件夹。

需要什么
• 运行Windows 10或Windows 11的计算机

步骤

1. 打开文件夹
可以在有文件和文件夹的任何位置单击右键。尝试在桌面单击右键得到更改背景图像的选项，或者右键单击文件夹中的文件打开对应的菜单。双击"文档"或"图片"这样的文件夹并在其中尝试。

2. 右键菜单
根据计算机上安装内容的不同，右键单击文件将会得到不同的菜单选项。

3. 选项
菜单上的选项包括"打开方式"，这个选项允许计算机用你选择的应用程序来打开文件。还有"发送到"，这个选项允许你将文件发送到几个预设的目的地。

4. 在其他应用程序中
大多数操作系统和应用程序都内置了右键单击菜单。在文字处理软件或图像编辑软件中尝试单击右键，看看会得到什么不同的选项。

学到了什么？
鼠标右键与左键一样重要，因为右键会帮助你打开一个上下文相关的（根据单击的位置而变化）选项菜单，这可以让你在单击时获得最好的选项。

移动文件

你可以通过鼠标指针在文件夹之间移动文件，这些文件就像是一个物体一样。尝试此操作之前，要确定你知道对应计算机的用户名和密码。

需要什么
• 运行Windows 10或Windows 11的计算机

步骤

1. 打开一个窗口
在计算机的桌面上，应该有一个标有用户名名称的文件夹。双击打开它，则会看到名称为"文档"和"图片"的文件夹，双击它们。

2. 复制文件
单击"文档"文件夹中的文件并按住鼠标左键，然后移动鼠标指针，将文件移到"图片"文件夹中，这个过程中要一直按住鼠标左键。这个操作称为"拖曳"。接着松开鼠标左键，则对应的文件就会移动到"图片"文件夹中。如果对不同驱动器上的文件夹执行相同的操作，则文件将被复制过去，而原始文件依然保持不变。

3. 放回去
重复上一步操作，不过这次是将文件移回"文档"文件夹。

学到了什么？
以这种方式移动和复制文件是使用现代操作系统的重要技能。我们已经在Windows上尝试了这个操作，在macOS和Linux上的操作也是一样的。

使用Emoji

Emoji是指一种能够代替文字的小脸表情和符号，这种表情和符号有时比打字更能表达你的感受，它们可以在所有主流的计算机操作系统中使用。下面来尝试使用这些表情符号。

需要什么
• 一台Windows、macOS或Linux计算机

步骤

1. 在Windows中
要在Windows中使用Emoji，可以将插入点（当你输入时出现的竖线）放在你想要输入的位置，然后同时按下Windows键和句号，此时就会出现一个选择Emoji的弹窗。

2. macOS上的Emoji
对苹果电脑来说，快捷方式是Command+Control+空格键。如果你使用的是带触摸条的MacBook，Emoji也会出现在那里。

3. Linux中的Emoji
某些Linux版本内置了Emoji，例如Ubuntu，其快捷方式位于右键单击菜单上。而对于其他的Linux版本，比如树莓派，想要使用Emoji并不容易。

学到了什么？
Emoji其实无处不在，不仅仅是在移动设备上。你可以在聊天中使用它们，甚至可以将它们写进文档中，但如果你在作业中使用它们，需要后果自负。

认识开始菜单

自1995年以来，"开始菜单"一直是Windows操作系统操作的主要部分，不过随着操作系统的更新，"开始菜单"一直在变化。在Windows 11当中，你可以看到应用程序和文档的列表，以及用于关闭或重启计算机的按钮。而Windows 10差不多，只是上面有更多的大图标和链接。

需要什么

• 运行Windows 10或Windows 11的计算机。

步骤

1. 弹出菜单

在大多数版本的Windows中，你会在左下角找到"开始"按钮（现在按钮上不再显示"开始"，而是一个Windows的图标）。Windows 11则将按钮移至了更中间的位置，不过可以选择将其移回左侧。

2. 应用

出现在"开始菜单"上的应用程序被称为"已固定"状态——你可以右键单击并选择"取消固定"将其删除。如果看不到所需的应用程序，请单击"所有应用"按钮以查看计算机上安装的每个应用程序，这些应用程序是按照字母顺序排列的。

3. 文档

Windows 11"开始菜单"上的"推荐的项目"部分提供了一些最近打开的选项。如果你需要查看在该计算机上创建或编辑的所有文档，包括图像和视频的列表，可以单击"更多"按钮，或是打开相关的"文档""图片"或"视频"文件夹。

4. 关机或重启

Windows 11"开始菜单"右下角（Windows 10左下角）的电源按钮提供了关机或重启计算机的选项。不要尝试以直接切断电源的方式关闭计算机，正确的关机方法是使用菜单项的这个选项。

学到了什么?

Windows中的"开始菜单"中包含所有应用程序和文档的快捷方式。你还可以使用它来关机和重启计算机。睡眠会使你的计算机进入省电状态，处于这种状态的计算机可以被快速唤醒，而休眠则是更深的睡眠，需要更长的时间才能唤醒。

照片编辑

在Windows中编辑照片

编辑照片是计算机非常擅长的事情之一，不仅有很多应用程序和网页可以帮你轻松完成照片的编辑，Windows 和 macOS 中也内置了名为"照片"的应用。

需要什么

- 一台 Windows 计算机
- 浏览器
- 一些照片和视频
- 想象力

步骤

1. 在 Windows 的"照片"应用中编辑图片

右键单击图片，在"打开方式"中选择要编辑的照片，或是将文件拖到应用的任务栏图标上。点开右上角的"编辑和创建"菜单找到对应的选项。

2. 裁剪和拉伸

这个工具可让你拉伸比例不合适的照片或是裁掉边缘好让更多的注意力集中到照片中间的主题上。应用右侧始终有一个重置按钮，防止你出现错误的操作。

3. 滤镜和调整

"滤镜"是更改图像颜色的一键式功能键。"调整"则是通过滑动条来细致地调节照片的各项参数。

4. 保存或保存副本

单击"保存"会将你打开的文件替换为新编辑的版本。"保存副本"则会在同一个文件夹中创建一个新文件。"保存副本"通常是更好的选择，除非你不介意丢失原始文件。

学到了什么？

使用 Windows "照片"应用来编辑照片是一个简单的过程，虽然你能够在其他地方找到有更多选项和功能的应用程序。

在macOS中编辑照片

在 macOS 中执行的操作与在 Windows 中执行的操作大致相同，不过你可能会发现这些应用程序有不同的名称而且位于不同的位置。macOS 的内置照片编辑应用也称为"照片"，但是作用不太一样。

需要什么

- 一台 Mac 电脑
- 浏览器
- 一些照片和视频
- 想象力

步骤

1. 打开照片

在快捷栏或应用程序文件夹中找到照片，然后打开它。如果你之前添加过照片，则会看到它们。否则，就按照说明添加一些。

2. 自动编辑

双击照片，然后单击右上角的编辑按钮。这样界面会发生变化，你可以使用一些自动选项来编辑照片，例如"光""颜色"和"黑白"。

3. 手动编辑

你可以随心所欲地调整滑块——左上角有一个"还原"的按钮——还可以使用润饰工具去除瑕疵，并使用"可选颜色"来实现特殊效果。

4. 保存

可以直接按下"完成"按钮来保存。原始文件是不会被覆盖的，因此如果你想共享你的图像，需要通过"文件>导出"以创建一个新文件。

学到了什么？

在 macOS 上编辑照片很容易，而且由于可以随时恢复为原始文件，所以你不用担心照片丢失。

使用Google Photos编辑照片

Google Photos 与其他的照片编辑应用有点不同，它是在浏览器中运行的，你需要一个谷歌或 Gmail 账户才能使用它，因此需要找一个成年人帮你设置一下。

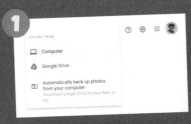

需要什么

- 一个谷歌账户

步骤

1. 在 Google Photos 中打开图像

许多手机会自动将图片上传到 Google Photos。如果没有，那么使用"上传"按钮从你的计算机上传一张。

2. 滤镜

"滤镜"是一键更改图像许多内容的选项，例如亮度或清晰度。

3. 滑动条

滑动条允许你对图像进行细致的手动调整。

4. 裁剪和旋转

如果你想更改图像的方向，或裁剪某些内容以使画面聚焦主要拍摄对象，那么可以在这里进行。

学到了什么?

当没有其他应用可用时，Google Photos 是一个不错的网络应用。另外 Google Photos 还有手机和平板电脑中的应用。

在Canva中编辑照片

Canva 是一个网络应用，其中有很多可以用来装饰你的照片的工具。Canva 的照片编辑的功能很基础，几乎什么都没有，不过设计功能非常好。你可能需要电子邮件地址和密码才能登录，因此需要成年人帮忙。

需要什么

- Canva

步骤

1. 使用模板

Canva 可以完成很多设计任务，上手的最好方式之一就是使用准备好的模板。

2. 添加一些文字

单击文本，然后就可以编辑你想写的任何内容了。

3. 改变图形

下拉左侧的"元素"菜单，你将找到大量图形来替换模板上的图形。

4. 导出

单击"..."菜单，你将看到有关如何发布到不同网站的选项，或是将作品下载到本地计算机的选项。

学到了什么?

某些网站会希望它们的帖子采用特定的尺寸和格式。虽然网站会转换你上传的任何内容，但 Canva 的模板能够帮助你实现这些目标。

在Canva中创建桌面壁纸

需要什么

- Canva

步骤

1. 打开图片

Canva 中包含大量免费图片。可以在左侧查看照片或上传自己的照片。

2. 快速编辑

可以从顶部工具栏中选择效果和滤镜。试一试——注意有一个撤销按钮。

3. 更多编辑

可以通过滑动块进行调整。放手大

胆尝试。完成后单击"下载"。

学到了什么?

通过右键单击桌面并选择"个性化"（Windows）或"更改桌面背景"

（macOS）菜单，可以将你下载的图像设定为计算机的桌面壁纸。通过这种方式你可以在桌面上显示任何图像，不过最好尝试找到与你的屏幕大小相匹配的图像。

继续尝试5个Canva项目

制作海报

你的鼠标有两个主要的按钮。第一个（左）用于直接交互——单击选择，双击打开文件和文件夹；而右侧的按键则用于打开一个上下文相关的菜单，通过这个菜单可以做更多的事情，例如删除文件、复制、粘贴及创建新文件夹。

需要什么

- 浏览器
- 免费的Canva账户
- 想象力

步骤

1. 选择模板

这一步不是必须的，不过采用模板通常效率会更高。我们要将自己的图像添加到模板中，因此可以将照片拖曳到"上传"选项卡，或是按下紫色按钮。

2. 更换图片

将"上传"选项卡中的图像拖曳到模板中的其他图像上进行替换。

3. 更改文本

海报上的文字都是可以编辑的。如果你需要仔细查看，右下角有一个缩放控件。

学到了什么?

为学校活动或与朋友一起制作海报是一种很好的练手方式。使用Canva的模板看起来有点取巧，不过，如果你调整的细节足够多，那也可以相当于是原创的。

制作照片饼图

如果你去某个地方拍了很多照片，那么展示它们的一种好方法是将它们合成一张照片拼图。

需要什么

- 免费的Canva账户

步骤

1. 导入图片

选择一个模板并导入图片。开始时可以用新的图片替换模板中的一些图像。

2. 调整图像大小

如果你想在框中移动或调整图像大小，那么就双击图像，然后拖动图像改变位置，或是通过四个角调整大小。

3. 改变字体

双击选择文字可以改变字体，接着下拉顶部栏下方左侧的菜单。这里你会找到所有可以使用的字体。

学到了什么?

照片拼图是展示你拍摄照片的经典方式。

感谢信

你的生日收到了什么礼物? 不管是什么，发送一封感谢信作为反馈总是很好的，所以可以在Canva中制作一个感谢信。你只需要送给你礼物的人的电子邮箱地址。

需要什么

- 电子邮箱地址

步骤

1. 模板

感谢信的模板有两页。如果你想简单一点，一页也是可以的。

2. 添加新页面

使用底部的"+添加页面"按钮添加一个新页面。如果你没有使用模板，那么新页面将显示为空白。

3. 添加文字

打开"文本"选项卡以查找可应用于文本的各种特殊效果。首先选择一种样式，然后输入文本，最后拖动4个角以更改其大小。

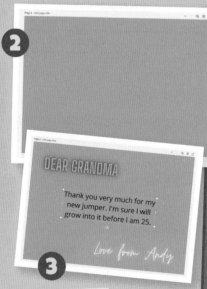

学到了什么?

除了让送给你礼物的人感到非常高兴之外，感谢信还是一个简单而富有创意的项目。

派对邀请卡

每个人都喜欢生日派对,能收到派对邀请并参加派对也非常好!使用Canva制作精美的派对邀请卡。

需要什么
- 一台Windows 10或Windows 11计算机

步骤

1. 开始
可以使用模板,但如果你愿意,也可以从空白页开始。两种方式都可以试试。

2. 添加元素
Canva中的"元素"选项卡包含了可以添加到邀请卡中的各种图形——搜索派对的主题,或是直接滚动浏览。

3. 过滤和调整
元素可以像照片一样进行过滤和调整,因此尽量尝试各种操作,直到你满意为止。

学到了什么?
"元素"选项卡包含了各种图形,从背景图像到运动的太空人,你可以使用这些图形让你的作品更加吸引眼球。

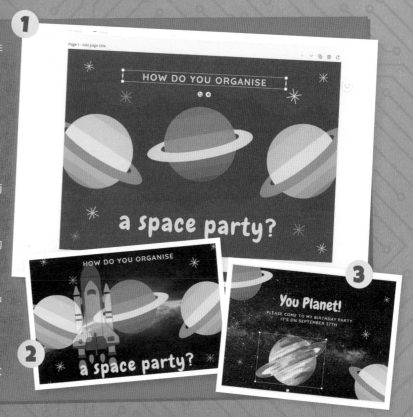

分享或打印你的作品

一旦你完成了编辑和设计,你一定希望其他人能看到你的作品。那么你可以直接在Canva中分享,或者将它们作为文件下载到本地,再或者直接在线打印或使用家里的打印机打印。

需要什么
- 一台Windows 10或Windows 11计算机

步骤

1. 分享按钮
"分享"按钮会帮助你通过电子邮件将链接发送到你想要与之分享的任何联系人——他们可以再次编辑它,或者只是查看它。

2. 下载按钮
单击此处打开下载选项。不同的创作需要采用不同的文件格式,因此请注意计算机建议的是哪种格式。

3. 发布菜单
这个菜单隐藏在右上角的"..."后面,发布菜单可以让你将作品直接分享到社交媒体或访问数字打印服务。这需要付款,所以要请大人帮忙。

学到了什么?
分享作品的方式很多,也许你只是想将其打印出来,或者想将其发布到社交媒体上。

尝试一些多媒体项目

短视频

Canva不仅能处理静态的照片，它还内置了一个视频编辑器，在本书使用的Beta版本中，这个功能就能使用。在这个视频编辑器中，主预览窗口占据了大部分屏幕，下面是时间线。在剪辑窗口的一侧有一个素材框。其他更好的免费视频编辑软件我们稍后再作介绍。

需要什么

- 带有浏览器的计算机
- Canva账户
- 一些照片和视频

步骤

1. 添加素材
与上传照片相同，将视频片段添加到Canva。注意，你文件大小要控制在1GB以下。

2. 剪辑
选取你想要的视频片段是个技术活儿——拖动黑线在时间线上进行剪辑。

3. 添加视频片段
单击剪辑时间线上末尾的"+"，然后选择"添加"页面。这会在时间线上添加一段视频片段，新添加的视频片段也可以剪辑。

4. 转场
从"+"按钮中选择"修改转场"，可以从淡入淡出、擦除这样一些转场效果中选择视频片段之间的转场方式。

学到了什么？

在Canva中编辑几个视频片段是很容易的。这个视频编辑器目前处于测试阶段，因此非常基础，我们希望随着项目的进展会添加新的功能。

混合媒体

Canva的一大优势在于它对每个元素的操作都差不多，无论是视频、照片还是简单的盒子。你只需将其拖到画布上，然后将其缩放到合适的大小。如果要删除某些内容，只需单击它，然后单击右上角的垃圾桶图标。

需要什么

- 带有浏览器的计算机
- Canva账户
- 一些照片和视频

步骤

1. 缩小你的视频片段
如果时间线上只有一个视频片段，那么它将填满预览窗口。单击它，并按住角的位置进行缩放，这样你就可以从素材框中拖入其他更多的元素。

2. 添加元素
Canva的元素可以是静态图形或动画。当你将元素拖进去的时候，它通常会比较大，所以将它们缩小。看看它是如何出现在时间线上的？

3. 添加更多
你可以将尽可能多的内容添加到拼图中。添加新页面时，你需要重新添加或更改内容。

学到了什么？

由于Canva对待所有元素的方式相同，因此很容易向项目中添加大量不同的内容，并将其导出为视频。

样式

Canva的样式与其模板巧妙地集成在一起。如果你选择其中的一种，就会将文档中的所有颜色和字体更改为样式中的颜色和字体，这让你能够根据主题迅速地做出许多改变。

需要什么

- 带有浏览器的计算机
- Canva账户
- 一些照片和视频

步骤

1. 选择一种样式

我们可以使用模板，但这不是必须的。如果想查看不同样式的差异，可以先选择一种样式，再选择另一种样式——这样就能直观地看到有什么不同了。

2. 字体

样式可以分为字体和颜色。有些字体看起来很有趣，而另一些则是更商务的样式。

3. 颜色

通过双击选择文字来改变文字的外观，然后下拉顶部工具栏下方左侧的菜单。在那里，你会找到所有可用的不同字体。

学到了什么？

颜色和字体可以改变文字给人的感觉。派对可以使用大胆的颜色和有趣的字体，如果想严肃一点，可以使用更正式、更商务的样式。

动画

添加动画确实可以让你的创作更出彩，不过在Canva中添加可能需要一点技巧，因为Canva不是一个完整的动画应用程序。

需要什么

- 带有浏览器的计算机
- Canva账户
- 一些照片和视频

步骤

1. 页面动画

Canva非常擅长让元素在一定范围内移动，不过你对这个过程没有太多控制权。在页面上选择一个元素，然后单击顶部的"动画"。

2. 动起来

页面动画会影响页面上的每个对象：照片动画影响帧内的图像，元素动画影响元素。选择的内容不一样，在左侧看到的选项也不一样。

3. 清除背景

动画可能会显示叠加在照片和元素之下的内容，因此要确保背景都清除干净了，否则在动画中就会看到它们。

学到了什么？

制作动画要花很多的精力。Canva不是一个完整的动画程序，它的功能是有限的。

导出视频

一些文件格式仅是静态图像，比如.jpg、.png、.tif，而像.gif这种格式支持动图，像.mp4、.avi、.mpg这样的格式是真正的视频格式。选择正确的格式很重要。

需要什么

- 带有浏览器的计算机
- Canva账户
- 一些照片和视频

步骤

1. GIF动图

老的GIF（Graphics Interchange Format，图形交换格式）文件支持动画但不支持声音，而且文件可能也很大。这种格式能正常工作，但社交媒体通常会将其转换为视频文件。

2. 视频

Canva可以导出支持声音的MP4视频。这是在线分享的最佳格式。

3. PDF

PDF不支持动画，但人们可以在任何设备上打开PDF，这方便你向人们展示你的作品（虽然它是静态的）。

学到了什么？

只有某些文件格式可用于动图。Canva支持MP4和GIF，这两种格式可以上传到大多数社交媒体网站。PDF最适合通过电子邮件发送静态作品——它们可以在任何设备上完美打开，而且无法编辑。

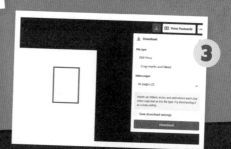

尝试照片处理的项目

组合你最喜欢的照片

步骤

1. 拖放

打开另一张要用作背景的照片。使用"移动"工具（在左边，符号是一个箭头和一个十字），将你的无背景图像拖到新的图像上，无背景图像将作为新的一层显示。

2. 调整大小

你可以通过图片的角调整图像大小，就像在 Canva 中的操作一样。要尽量把图像缩小一些，因为图像变大就会失真。

3. 添加阴影

请注意背景照片中光线是从什么方向照过来的。右键单击图像，然后选择"图层样式"。在这里选择"投影"。接着通过选项设置照明方向。

学到了什么？

一旦将一个图层放在另一个图层上，你就可以移动它、调整它的大小或使用图层样式来添加特殊效果。放心尝试吧，这里有"编辑>撤销"功能可供使用。

制作搞笑的图片

这是一个更复杂的项目，我们将使用名为 Adobe Photoshop Elements 的照片编辑应用程序。这个软件每年都会更新，本书中使用的是 2021 版本。这个软件需要付费，因此需要让成年人帮忙。软件适用于 Windows 和 macOS 的计算机，没有 Linux 版本的。

需要什么

- 一些照片
- Adobe Photoshop Elements
- 想象力

步骤

1. 基础

Photoshop Elements 是一个基于图层的编辑器，这意味着你可以将照片分成很多层，并使用不同层的内容来创建新的图片。

2. 选择

"选择"是使用 Photoshop Elements 的重要操作。打开一个中心主题强烈的照片，然后单击"选择>主题"。

3. 去除背景

打开图层窗口（窗口>图层）并双击背景图层使其成为图层 0。然后，单击"选择>反转和编辑>删除"，这样就能去除背景。

学到了什么？

通常删除背景没那么容易，但"选择>主题"是我们使用这个应用程序的主要原因。Elements 有其他选择工具，包括完全手动的选择工具，但自动主题选择是最明智的选择。

更多的层

我们没有发现相互叠加的层数限制。下面我们会将 3 张图片混合在一起，不过如果你的作品需要，还可以包含更多层。

步骤

1. 保存

定期保存是不丢失工作成果的关键，要不然你有可能会听到自己心碎的声音。原生的 PSD 格式会保留图层的信息，以便之后可以继续编辑。别的格式则无法保留。

2. 导入另一张照片

我们使用"选择>主题"来选择另一张照片，一个小男孩的照片。将这张照片拖放到背景图上。现在这个小男孩在狗的前面，但我们希望他在狗的后面。该怎么办呢？

3. 调整图层顺序

图层窗口上的图层可以上下拖动，所以可以用鼠标将图层 1 放在图层 2 的前面。快速地调整一下大小，让整个照片看起来像是他骑在那只狗身上。

学到了什么？

能够更改图层的顺序意味着你可以更改图像的最终呈现结果。

图层副本

图像不是只能有一层,这意味着你可以将多张图片重叠,就像我们将在狗和"骑手"身上看到的那样。

步骤

1. 副本

我们将为图层1和2创建副本,这样整体上图层的顺序就是1、2、1、2、背景。右键单击图层,然后从菜单中选择"副本"。

2. 清晰的图层样式

在同一个右键单击菜单中,使用"清除图层样式"清除两个新图层的阴影。

3. 擦除

使用带有软刷子的"橡皮"工具刷掉最顶层小狗图像中的部分身体,这样小男孩的腿就自然地绕在了狗的脖子上。

学到了什么?

一旦有了一堆图层,你就可以使用"橡皮"工具擦掉图像的一部分,这样下面的图层就会显现出来。使用软刷(见界面底部的灰色工具栏)可以让图片看起来更自然。

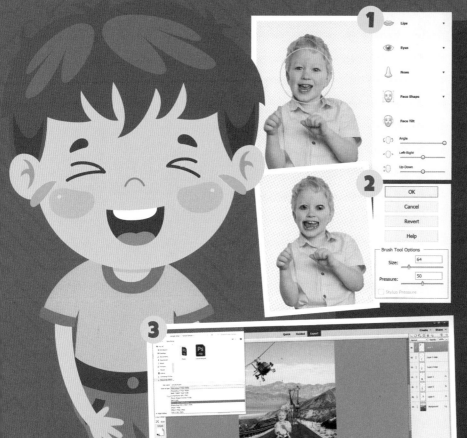

搞笑

Photoshop Elements 有两个非常适合"处理"人脸的工具。第一个称为特征调整,另一个是液化。记住要随时保存。

步骤

1. 调整面部特征

在"增强"菜单上能找到这个功能。在开始之前,请确保你选择了正确的图层。这个工具有它的局限性——你不能把它推得太远。

2. 液化

找到"滤镜>扭曲>液化"。这会比"调整面部特征"更进一步,但不太自动,所以我们要一点一点地实现想要的效果。

3. 最后

在你的作品中添加更多角色、对象或任何其他内容。另存为PSD,然后导出为JPEG或PNG格式以便在线发布。

学到了什么?

你已经学会了选择照片、堆叠图层并将它们混合在一起。

录制和编辑音频

获取Audacity

Audacity是一款免费的录音和编辑软件，非常适合自己作为播客录制音频。播客有点像广播节目，但与广播不同的是，播客的音频文件是通过服务器分发到移动设备上的播客应用程序中的，或是托管在网站上。这里，我们将会使用Audacity来录制和编辑播客节目。

需要什么

- 一台Windows、macOS或Linux计算机
- 话筒
- Audacity软件（免费）

步骤

1. 获取 Audacity
Audacity是免费的，在Windows、macOS和Linux计算机上都可以使用。找一个成年人来帮忙，在浏览器中访问相关网站下载它。

2. 安装
下载的文件是安装文件。需要运行它来安装软件。同样，如果需要，找一个成年人来帮忙。

3. 初识 Audacity
Audacity的界面起初看起来就是一片空白的灰色，不过界面中有一些能识别的工具，例如红色圆圈的Record按钮。

学到了什么?

安装Audacity之类的应用程序很容易，只要获得了计算机所有者的许可。在这里使用的是版本3，这是撰写本文时的最新版本，但如果你在2025年或以后阅读本书，那软件看起来可能就会有所不同。

录制音频

在录制播客时，提前做好计划很重要。可以列出谈话要点，甚至写一些脚本，但尽量不要让它听起来像是在念稿，因为这听起来不自然，并且缺乏创造性及即兴对话的感觉。在检查设备是否正常工作之前，请务必先进行测试，另外不要担心得太多——你可以随时将多余的内容剪掉。

步骤

1. Audacity 只能用一个话筒
因为这样，你可能需要让每个参与者都使用自己的话筒和录音设备分别录制自己的内容，然后再一起编辑。

2. 多数话筒是定向的
虽然有些话筒是全指向的，但多数都是心形指向的，这意味着它们对前面的声音最敏感。确保正确使用了你的话筒。

3. 不要担心错误
想笑就笑，但别停下来，记得要重新录刚才出错的部分。你可以稍后将错误的部分剪掉，或者将笑场的部分当作一个花絮。

学到了什么?

如果你有一个可以插入手机的话筒，那么可以轻松绕过一个话筒的限制，将生成的文件导入Audacity以供后续编辑。如果你打算只用一个话筒进行操作，请确保大家的声音质量同样好。

连线

在开始录制播客之前，你需要某种话筒。从笔记本电脑内置的微型话筒到非常昂贵的工作室品质话筒都是可以选的。中间档次的可以选择一些品牌的USB话筒，这类的都不太贵，如果你想成为一个普通的播客，可以看看。

步骤

1. 连上话筒
如果你使用的是外部话筒，则将USB线插入计算机上的USB插槽中。稍等一会儿，它应该会被识别出来，并出现在Audacity的下拉列表中。

2. 测试
按下录音按钮后开始说话。最好在一个远离背景噪声的安静地方。如果你在波形中看到红色显示，那么请调低录音电平。

3. 保存
Audacity不会自动保存，因此要经常保存。

学到了什么?

你刚刚完成了第一次录制——恭喜！选中音轨并选择"Tracks" > "Remove Tracks"来删除这段音频。如果可以，继续尝试在不同的位置使用不同的话筒，直到你找到听起来清晰自然的组合。

基本编辑

步骤

1. 备份
虽然有一些保护措施，但Audacity会在保存时覆盖文件。因此应将原始录音导出为WAV文件以确保其安全。

2. 修剪
删除你不想要的录音开头和结尾。在音轨的开头，单击开始说话之前的位置，然后选择"Select>Region>Track Start to Cursor"，然后选择"Edit>Delete"。在结尾做同样的事情，不过最后选择的是"Cursor to Track End"。

3. 修正错误
你所说的一切都将以波形显示。当你想要删除某一段的时候，只需用鼠标指针选择它，然后选择"Edit>Delete"，前后的波形会自动接在一起。

4. 撤销
再听一下你剪辑后的音频。如果听起来不自然，或者你认为哪里有问题，那么请再试一次：选择"Edit>Undo Delete"将刚才删除的内容恢复回原处，然后重试。

学到了什么？
编辑应该是在听众感受不到的情况下从录音中删除一些内容，所以不应该有咔嗒声或突然跳到单词的中间。如果你发现有这样的情况，请立即撤销并重试。波形将显示单词之间没有发声的位置在哪里，可以在那里进行剪切。

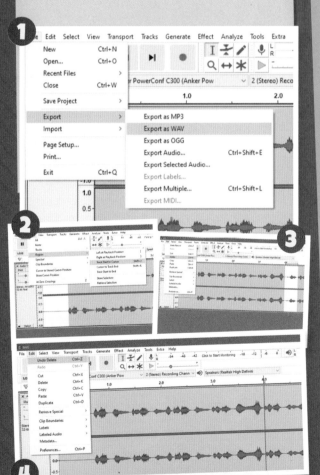

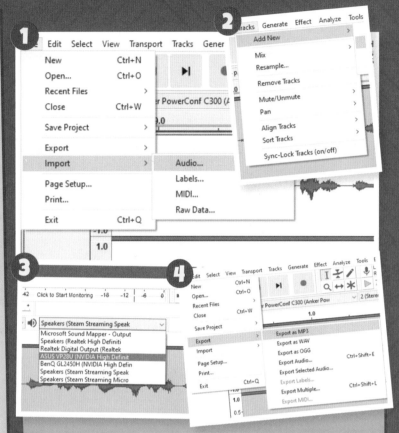

配音和导出

配音是将一个或多个音轨合并为一个的技术。通过这种方式，你可以将背景音乐添加到播客中，甚至可以重新录制错误比较大的部分并再进行编辑。

步骤

1. 背景音乐
将音乐文件作为新音频导入，并调整其音量，使其不会压住你的声音。你可以从相关网站获得免费音乐。

2. 录制新音轨
要录制额外的声音，需要再次设置你的话筒，然后使用"Tracks>Add New>Stereo Track"创建一个新音轨。将现有的音轨静音，选择新音轨，然后照常录制。

3. 配音
如果你不静音其他音轨，那么可以在录制新音轨时听到它们。确保你的输出设备是耳机，否则新的音轨中将录制现有音轨的声音。

4. 导出
将完成的播客导出为MP3文件，以便上传或通过电子邮件分享。MP3是一种压缩格式，所以文件会比你一开始导出的WAV文件小很多。

学到了什么？
像这样录制和编辑音频是一件很厉害的事！

什么是编码

当程序员编程时会产生程序。编码的意思是一样的——当编码员编码时会产生代码，但代码并不总是意味着程序。编码员也制作网站，编写在小型连接设备中运行的代码。

代码用计算机可以理解的多种语言来编写。这些内容会将你希望计算机执行的操作分解为小的步骤，并告诉计算机在可能遇到的每种情况下要执行的操作。由于计算机是以二进制的1和0"思考"的，因此这些语言必须易于转换为二进制，这一过程称为编译，编译由软件完成。并非每种计算机都喜欢相同的二进制文件，因此编译器程序针对不同的目标CPU和操作系统，其设置也不同。

你可以将编码视为计算机的翻译器。有人会使用人类语言（例如英语）告诉编码员或程序员他们想要什么，然后编码员将其转换为C或Python等编程语言，最后编译器再将其转换为二进制或机器码。

找单词

你能在下面的区域中找到与编码相关的英文单词吗？

PROGRAMMING   LANGUAGE

COMPILER   BINARY   CODING

Y	U	I	O	P	L	I	D	H	F	S	O	X	U
V	F	T	M	O	J	O	J	K	J	J	K	L	I
B	D	G	H	I	P	L	E	I	H	X	F	G	S
K	C	P	O	X	R	Y	F	E	X	K	B	D	H
M	O	N	S	C	O	D	I	N	G	X	J	H	J
N	M	D	V	U	G	Y	G	H	T	G	H	D	F
O	P	G	P	I	R	X	J	L	T	L	L	Q	O
I	I	K	S	T	A	W	K	W	X	B	G	G	X
M	L	M	B	X	M	Y	L	Q	K	X	D	W	B
Q	E	T	V	G	M	G	M	G	L	H	H	E	I
S	R	P	V	M	I	L	N	Y	M	X	G	B	N
V	B	O	P	N	N	G	O	X	P	A	K	O	A
W	P	L	A	N	G	U	A	G	E	J	T	X	R
M	N	C	B	M	H	L	O	V	A	A	R	B	Y

答案：PROGRAMMING（编程）；LANGUAGE（语言）；COMPILER（编译）；BINARY（二进制）；CODING（编码）。

哪一项不同？

以下哪个不是二进制数？

1010

00101   101   111

1110   001   112

```
!DOCTYPE HTML PUBLIC
html>
<head>
    <meta name="TITLE" c
    <meta name="KEYWORDS"
    <meta name="DESCRIPTI
    <link rel="stylesheet
        <script language="ja
    </head>
</head>
        bgcolor="#ffffff
```

计算机使用的语言

通用计算机语言是那些能够在计算机应用领域创建代码的语言。你可以像为机器人编程一样轻松地编写一个办公应用程序。这些语言包括世界上最流行的编程语言 JavaScript，以及简单易学、深受初学者欢迎的 Python。

早在19世纪，机器就能够运行程序了——只是在计算机出现之前我们没有这么称呼它。告诉自动钢琴按什么键来演奏歌曲的卷轴是一种程序，这类似于八音盒中旋转的表面有凸起的金属圆柱体。20世纪80年代的计算机都带有 BASIC（Beginners' All-purpose Symbolic Instruction Code，初学者通用符号指令代码），这种创建了许多早期视频游戏的编程语言，通常也是当时的人们第一次接触计算机编程时使用的语言。BASIC 以 VB.NET 的形式（微软 Visual Basic 的一个版本）一直保留至今。

从那时起，计算机及其语言变得更加复杂。现代计算机没有安装编程语言环境，但如果你对一种编程语言非常熟悉，那么可以直接在文本编辑器，比如记事本中输入代码，然后使用正确的扩展名（文件名中点后面的字母）保存文件。今天许多编程语言都有对应的集成开发环境，它能支持计算机程序编写的不同阶段——编码、编译和调试（找出代码无法正常工作的原因）。

如果你想学习编程，开始的时候最好是使用更简单易学的语言，例如 Scratch（或 ScratchJr）和 Python。如果你想制作网站，那么可以考虑 HTML 和 JavaScript。

下面哪一个不同？

哪一项不同

以下哪个不是编程语言？

Python

Anaconda

Swift

计算机语言

JavaScript

一种高级语言（更像英语），构成万维网的核心技术之一。超过97%的网站以某种方式使用它。

Python

一种高级通用语言，提供了各种各样的库，各种库使其能够适用于各种编程任务。

填字游戏

将编程语言填入其中

Python
Swift
Javascript
Basic
Scratch

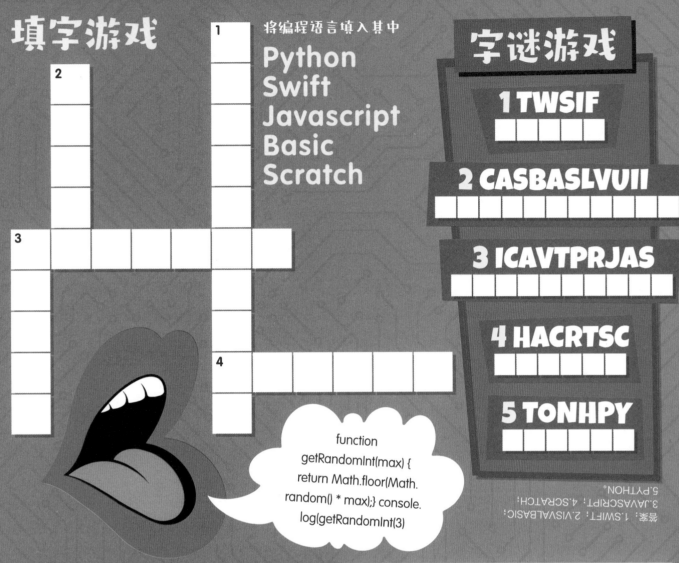

function getRandomInt(max) { return Math.floor(Math.random() * max);} console.log(getRandomInt(3)

字谜游戏

1 TWSIF

2 CASBASLVUII

3 ICAVTPRJAS

4 HACRTSC

5 TONHPY

答案：1.SWIFT；2.VISVALBASIC；3.JAVASCRIPT；4.SCRATCH；5.PYTHON。

Swift

由苹果公司发明，用于为其平台（包括iPhone和iPad）编写应用程序的语言，Swift运行起来高效快速，是一门伟大的语言。

Go

由谷歌设计，Go的运行水平低于许多初学者语言（因此其语言风格不太像英语，较难阅读，但对计算机来说却更容易理解了）。

为什么编码很重要

如果我们不会编写代码，那么就无法对计算机进行编程。而如果我们不能做到这一点，那么我们的技术水平将停留在20世纪40年代。

今天许多不是计算机的东西——例如汽车的车身、商店里的食品包装、甚至这本书——都是用计算机设计的，而且计算机也管理着制造过程。如果是通过手工的方式完成现在用计算机自动化完成的工作，那么将大大降低世界运行的速度，同时购买的东西也会更贵。

没有计算机编程，就不会有万维网，也不会有通信方式的变革，这样你与在远方的亲人进行视频通话就不会像与邻居聊天一样容易。我们将无法去电影院看电影，也无法获得从新视野号或卡西尼号等航天器拍摄的冥王星和土星的照片。

虽然可以想象一个没有可编程计算机的世界——20世纪40年代也有汽车、飞机、电话、电视、电力和许多现代服饰——但数字革命带来的巨大进步让我们看到了自1947年晶体管发明以来，技术和生活质量的改进要比之前几个世纪的变化还大。

计算机编程影响我们生活的方方面面，使其成为21世纪最重要的学科之一。2020年，全球62%的人口在通过手机阅读，59%的人可以访问互联网——数十亿人受益于全世界计算机程序员的工作。

为什么编码很酷

网络开发

当你访问万维网时，看到和听到的一切都是计算机编程的产物。

电影

从拍摄、剪辑到后期制作的一切都是由计算机程序员提供的软件和专业知识以数字方式进行的。

制造生产

汽车和其他商品在庞大的工厂中由机器人组装在一起——这些机器人必须进行编程。

识别行星

计算机编程让我们看到了之前无法看到的太阳系，你知道这些都是哪个行星吗？

破解密码

如果 A=1、B=2、C=3，以此类推，那么以下数字表示什么意思？

23 15 18 12 4 23 9 4 5 23 5 2

_____

16 18 15 7 18 1 13 13 9 14 7

_____

19 15 6 20 23 1 18 5

_____

3 15 13 16 21 20 5 18 19

_____

通信

如果没有计算机程序员，我们将无法这么容易地进行视频通话。

去度假

如果你乘坐过客机，那么就一定体验过自动驾驶仪，那是可以让计算机驾驶飞机的数千行代码。

玩具

许多玩具使用计算机编程的方式来让玩具看起来栩栩如生。

在家尝试的编码项目

开始自学编码是很容易的。有一些针对初学者的语言，你可以利用这些语言尝试许多项目。这里我们列出来了一些项目，使用的语言包括ScratchJr、Scratch和Python。这些语言都是免费的，但你需要一台计算机来运行它们，而ScratchJr环境仅作为iOS和Android应用程序提供。其Mac和PC版本尚未正式发布——你可以通过搜索引擎找到它。

Scratch语言针对的是完全零基础的初学者，它提供了很多可以直接使用的模块，比如图形和字母。不用太在意这些图形和字母的形式（如果你有自己的图形和字母，也可以用自己的），因为这是我们试图完成的脚本和动画的基础，并不是复杂的艺术创作。Python是一种更复杂的语言，但对于初学者来说仍然很容易上手——它是软件行业中专业的语言，因此掌握正确的基础知识很重要。

在完成这些项目的过程中一定要玩得开心——这些项目将帮助你了解通过编程都能做什么，并激励你学习更复杂的语言和项目。

获取编程语言

在Windows中获取Python

需要什么

• 一台Windows 10或Windows 11计算机

步骤

1. 打开微软应用商店

打开Windows 10或Windows 11开始菜单并输入"store"，然后打开应用商店程序。搜索"Python"，然后选择最新版本（撰写本文时为3.9版本）。软件是免费的。

2. 安装应用

按下蓝色的"获取"按钮安装该应用程序。你可能需要询问父母、监护人或拥有计算机的人以获取管理员密码。

3. 打开应用程序

完成Python安装后，你可以从"开始"菜单运行它。它最初将出现在"最近添加"部分中，或者也可以在按字母顺序排列的P部分下找到软件。

学到了什么？

你不仅可以通过这种方式安装Python，微软应用商店中还有很多其他用途的应用程序和游戏。在安装任何新应用之前，确保你获得了计算机所有者的许可，另外要注意并非应用商店中的所有应用都是免费的。

Python是一种应用广泛、免费、高级的编程语言，可用于编写程序。在开始之前，你应该查看本书中的"项目"部分，或者其他更专注于Python的部分，因为这个应用程序打开的时候是简单的输入提示形式。

46

在iPAD上获取 ScratchJr

ScratchJr是一种非常好用且免费的编程语言，适合完全零基础的初学者。你可以在相关网站上使用它，或者将其安装在平板电脑上。在开始安装应用程序之前，务必确保你获得了平板电脑所有者的许可。安装过程中可能需要提供密码，即使该应用程序是免费的。

需要什么

• 运行iPadOS 9.3或更高版本的iPad

步骤

1. 打开应用商店
找到应用商店的应用程序并将其打开。使用屏幕键盘在右下角的框中搜索ScratchJr。这个应用的图标是蓝色背景，上面有一个微笑的猫脸。

2. 获取应用程序
按下蓝色的"获取"按钮——你可能需要输入密码或刷脸，因此需要成年人来帮你。

3. 打开应用程序
在iPad的主屏幕上，或是在应用程序库中找到该应用程序的图标。用手指点一次即可将其打开。

学到了什么？
在iPad上安装应用程序就是这么简单。ScratchJr是一款非常有趣的编程语言。

ScratchJr是一款适用于平板电脑的应用程序，不过你可以在笔记本电脑或台式计算机的浏览器中使用完整的Scratch。两者的体验是完全相同的。

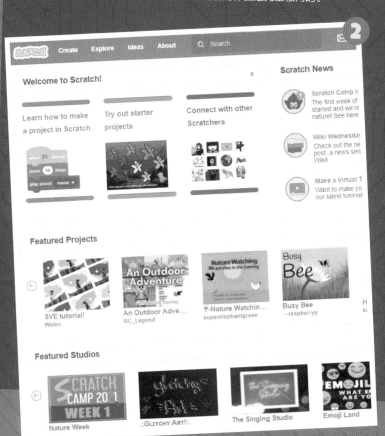

在浏览器中使用Scratch

需要什么
• 任意一种浏览器

步骤

1. 打开浏览器
网络浏览器是用于访问网站的应用程序。它们通常内置于计算机操作系统中，例如Microsoft Edge、Google Chrome以及适用于苹果电脑的Safari。

2. 打开网站
在搜索引擎中搜索"Scratch"。

3. 创建一个项目
单击网站顶部的"创建"，你将直接进入编辑器开始一个新项目。如果你还不熟悉该语言，请尝试单击"创意"以查找教程。如果能请成年人帮助你，还可以创建一个账户来保存你的作品。

学到了什么？
Scratch非常适合你开始编写自己的程序。有了它，你可以通过使用鼠标或触摸屏按顺序拖动相应的一些积木，然后结合自己创建的角色来创建动画和故事。这真的很容易，而且很有趣。

ScratchJr中的动画

ScratchJr中有很多素材，所以你不需要担心脚本（在ScratchJr和Scratch中，代码通常称为脚本）之外的任何事情。当你开始一个项目时，那只黄色的猫总是在那里，因此我们将使用它来制作动画。

让小猫移动

我们将完成一个最简单的脚本，实现的功能是让小猫向前移动，而且单击回家按钮时，小猫会回到原始位置。

步骤

1. 小猫和背景
使用图标"+"开始一个新项目。如果需要，可以使用顶部看起来像照片的图标来选择背景。

2. 添加块
积木是Scratch脚本的代码部分。选择一个黄色积木来实现一个触发事件，本例中的事件为单击小猫。

3. 让小猫前进
蓝色积木会移动角色。你可以通过更改积木中的数字来决定前进多远。我们选择了5。

4. 结束运动
名为"回家"的蓝色积木（按住能够查看积木的名字）会重置你的角色，让其回到原始位置。将红色块中的"无限循环"添加到循环中。单击小猫启动它，然后按顶部的红色六边形按钮停止。

学到了什么？

这是在ScratchJr中移动角色实现动画的基本方法。我们不但能让角色沿直线移动，也能让其转弯。

创建自定义的角色

ScratchJr中的任何内置的元素，都可以通过使用简单的触摸屏绘画程序进行自定义。你可以改变颜色、复制元素，甚至可以将你自己的照片整合到角色中。

步骤

1. 打开自定义角色
开始一个新项目，你会像往常一样看到一只小黄猫。然后在左侧，单击"cat"一词旁边的画笔进入编辑器。

2. 改变颜色
最简单的就是使用右边的填充工具来改变猫的颜色。选择一种新颜色，然后单击黄色区域，用新颜色填充黄色。

3. 自定义角色
在ScratchJr界面的左侧添加一个新角色，然后选择空白画布，再选择画笔。这样你就可以绘制自己的角色。在顶部为新角色起个名。

4. 动画
你的新角色可以像其他任何角色一样使用积木实现动画效果，因此很容易让其在屏幕上移动。

学到了什么？

创建自己的角色意味着你在使用ScratchJr创建完整故事的道路上又迈出了一步。还有很多工具可以尝试，大家可以自己试试。

Hello World

为ScratchJr项目添加字母以及更多的动作。

步骤

1. 太空空间
开始一个新项目，然后选择一个新背景。我们选择了太空空间。

2. 添加地球
从角色池中选择地球。我们要让它在屏幕上蹦蹦跳跳。

3. 添加文字
使用ABC图标添加文字，文字颜色设置为白色，这样在深色背景下文本显示得更明显。

4. 触发事件
选择绿旗触发事件，以便你可以随时启动它。

5. 蹦蹦跳跳
ScratchJr中的画布大约有25个单位宽，因此将地球移到左边，然后放置足够的动作积木将其移动到另一侧。

6. 完成
添加一个红色的结束积木，告诉地球在到达另一侧时停止移动。最后单击绿旗触发运动。

学到了什么?
添加文字意味着你可以讲述一个故事——字幕将使对话更容易理解，你还可以使用不同的颜色来代表不同角色在说话。

更多ScratchJr 项目

旋转

还是使用iPad上的ScratchJr，我们将研究怎样用不同的方式来移动你的角色。

步骤

1. 开始设置

创建一个新项目，选择角色和背景。选择绿旗或单击作为触发事件。

2. 开始旋转

一圈被分成了12份，所以添加一个蓝色的向左转积木，把里面的数字改成12，这样就可以旋转一个完整的360°了。

3. 分解

如果将旋转的12份分成6组，每组两份，同时在两组之间加入其他动作，那么就能让你的角色在画布上旋转的时候移动。

学到了什么？

能够以直线以外的方式移动角色，可以更轻松地将它们移动到其他角色周围，尤其是当这些角色正等待被碰撞以触发其他的行为时。

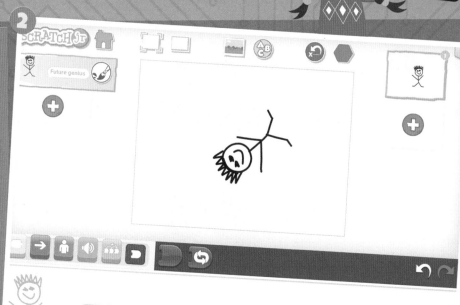

夜晚的碰撞

我们将在画布的夜间背景上添加一个巫师和一条龙,然后让巫师潜入龙的身后,并让龙跳起来。

步骤

1. 开始
创建一个新项目,然后选择你的角色和背景。选择绿旗或单击作为触发事件。

2. 偷偷境境
设置巫师的动作为向右走5个单位,然后回家。这样会让巫师接触到龙,然后马上跑回来。

3. 哎呀!
"碰到时开始"是一个黄色积木。使用它来启动龙的脚本,设置为当发生触碰就跳跃(蓝色积木)5个单位,然后结束。

学到了什么?
让角色相互碰撞是让它们互动的好方法。我们可以将跳跃变成发声,立刻就来试试吧。

发出声音

添加声音确实可以为你的故事增添趣味性。即使只是配合文字对话的字幕增加一些音效,也是增加趣味性的好方法。

步骤

1. 开始
创建一个新项目,然后选择一个角色和背景。选择绿旗或单击作为触发事件。

2. 录制声音
音效积木是绿色的。你所要做的只是一个简单的音效,不过通过单击话筒图标,你可以录制自己的声音。每个新录音都会变成一个积木,你可以将其拖入脚本中。

3. 回放
这些积木的行为与所有其他积木完全一样,因此你可以将它们插入脚本中,然后通过碰撞或敲击等事件触发。还可以将它们与运动相结合,让龙在画布上一边跑一边咆哮!

学到了什么?
为你的故事添加声音真的可以让它们变得更生动。如果你愿意,还可以让你的角色说话,把它当成音效也会非常有趣,这样就能在你的巫师念咒语的同时,让龙发出咆哮的声音。

Everybody was surfing

尝试更多ScratchJr项目

发送橙色消息

消息是一种触发事件，因此可以在黄色积木下面找到它。默认情况下，消息也是黄色的，这意味着收到消息会触发某些事件。不过，消息不一定都是黄色的——你可以发送多种颜色的消息，这只会影响那些"倾听"对应颜色消息的角色。让我们来看看。

步骤

1. 发送消息

我们已经设置了一个有两只猫的场景。红猫先走，单击后会在画布上走24个单位，然后发送消息并停止。

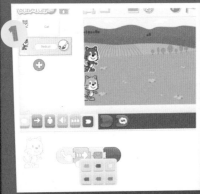

2. 接收消息

黄猫接收到消息触发移动——它也移动了24个单位并停止。在你再次单击红猫之前，黄猫是不会移动的。

3. 另一只猫?

消息会被画布上所有设置了该颜色消息触发的角色接收。我们新的蓝猫也会被红猫发送的消息触发，同样地移动24个单位。

学到了什么?

将发送消息作为触发器是ScratchJr工具集的一个非常强大的功能。这意味着你可以触发任何角色并对任何其他角色执行各种操作，而不必等待碰撞或单击发生。

多彩的消息

当画布上同时有3个或更多角色的时候，你可以向每个角色发送不同颜色的消息以在不同时间触发这些角色。目前，红猫用黄色消息触发黄猫，不过我们将更改蓝猫的触发，使其由黄猫发送的蓝色消息触发。

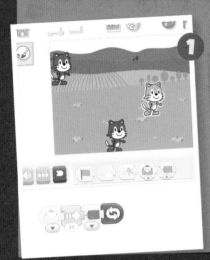

步骤

1. 改变黄猫的积木
红猫不需要任何更改，因为它仍在触发黄猫移动。而黄猫需要一条新指令来发送一条蓝色消息，所以让我们将新指令添加进来。

2. 改变蓝猫的积木
蓝猫目前仍在接收黄色消息，因此我们需要将其更改为蓝色消息。单击并按住消息块以查看颜色选项。

3. 玩
单击红猫让它运动。看看信息的变化如何让猫在不同的时间移动。

学到了什么？

不同颜色的消息意味着你可以让角色接收特定消息，并且不会被颜色不一致的消息触发。ScratchJr中有6种颜色，因此最多可以在脚本中构建6个消息触发点。

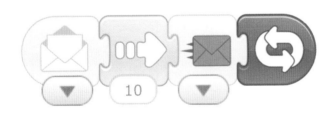

重复

ScratchJr有两种方法可以让你的角色重复它们的动作。第一种是使用称为"无限循环"的红色积木，这将让你的角色一遍又一遍地重复一整串动作。另一种是使用称为"循环"的橙色积木，它允许你设置重复的积木和它们重复的次数。注意，在ScratchJr中发送消息通常就像放置了一个结束积木——在消息积木之后没有其他积木。你需要按照这个原则来放置积木，让发送消息成为角色做的最后一件事。

步骤

1. 不停重复
红色的"无限循环"积木正是这样做的，它使你的角色重复相同的动作，直到脚本停止。你可以使用它来创建一个循环。

2. 重复多次
使用橙色"循环"积木意味着可以设置重复次数以及重复的积木。

3. 重复任何事情
这里不需要重复移动类的积木，当单击红猫时，这个脚本会发出4次音效，然后停止。

53

ScratchJr中的紫色积木

目前，我们还没有涉及ScratchJr中的紫色块。它们是一些功能最强大的积木，能够从根本上改变你的角色，让你讲述的故事真正生动起来。它们被称为"外观积木"，共有6个：说话、放大、缩小、重设大小、隐藏和显示。

以气泡的形式显示角色要说的话，这是漫画书中讲故事的主要形式，忘记声音和字幕吧，气泡是为你的ScratchJr故事添加语音信息的更佳选择。

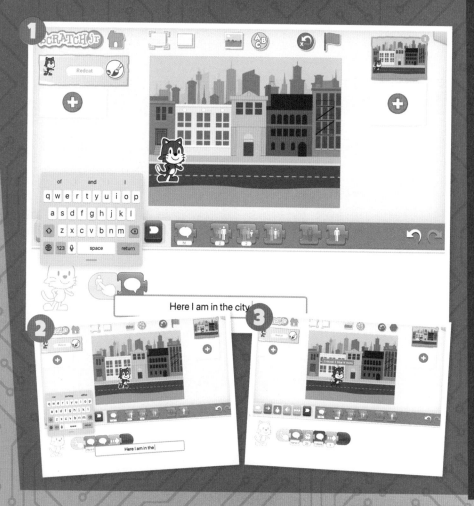

Here I am in the city

为你的故事添加语音信息气泡

步骤

1. 添加一个简单的气泡

从一个黄色的触发积木开始，然后添加一个紫色的积木"说话"。你需要在积木中输入你希望角色说的文字。

2. 不等待

气泡在消失前会显示4秒，所以注意控制文本的长度。如果添加内容完全相同的第二个"说"，那么显示的气泡将再延长4秒。

3. 等待

在角色的紫色积木"说话"之间放置一个橙色的"暂停"积木可以让大家更容易阅读。它们以十分之一秒为单位，所以10就表示1秒。

学到了什么？

以气泡的形式显示角色要说的话是一种非常好看的方式。重要的是不要在每个气泡中放入太多字，因为它们只会出现4秒，而观众需要时间来阅读，太多字会让人来不及看清。让气泡在每次变化前短暂等待也是一个好主意。

如何改变角色的大小

步骤

1. 让角色放大
你可以根据情况使用紫色积木"放大"来使角色放大。在积木中输入数字，然后将其放入脚本中。

2. 让角色变小
你应该也猜到了紫色积木"缩小"的功能。与"放大"一样，它缩小的系数由你在积木中输入的数字控制。

3. 变回原本的大小
要将角色变回原本的大小，就需要使用紫色积木"重设大小"。这里不需要输入任何数字——它只是让角色变回原来的大小。

学到了什么？
改变角色的大小不仅可以让你把一个角色变成一个在城市里横冲直撞的怪物，而且通过近大远小的方法还可以在平面上产生一定的3D效果。

让你的角色消失

步骤

1. 淡出
紫色积木"隐藏"能让角色消失。消失后的角色仍然可以四处走动并接收指令，但是无法被看到。

2. 出现
与"隐藏"相对的"显示"能使隐形角色恢复为完全可见。

3. 结合消息隐藏
使用隐藏的角色发送消息意味着你可以在没有明显触发点的情况下设置动作。

学到了什么？
显示和隐藏角色意味着你可以在观看者看不见的情况下移动它们，甚至可以使用它们向其他角色发送消息，在没有碰触其他角色的情况下触发脚本所编写的行为。

ScratchJr中的页面

我们一直在使用的画布不是唯一的。添加额外的页面意味着你可以在每个页面上使用不同的角色和场景，就像一本书一样。如果页面太多，还可以删除它们，同时还可以通过上下拖动来更改它们的顺序。

如何增加一个新页面

步骤

1. 添加一个页面
添加新页面很简单：单击界面右侧大的加号图标。

2. 删除页面
与删除角色执行的操作相同——按住页面直到它可以移动并显示红色的"×"，然后单击"×"。

3. 调整页面的顺序
点住一个页面，然后上下拖动它们来更改顺序。

学到了什么?

能够在ScratchJr中添加页面意味着你可以在更多画布上进行创作。但这只是开始——你还可以做更多的事情。

不要忘了你的代码积木！

移动你的角色

步骤

1. 变换页面
存在多个页面时，会添加新的红色积木，允许你跳转到新页面。

2. 绿旗脚本
当你转到新页面时，任何以绿旗作为起始的脚本都会触发。

3. 页面内移动
如果你设置一个角色离开页面的边缘，它是不会移动到另一个页面的，除非有特殊的红色积木。如果没有，角色将停留在页面的另一侧。

学到了什么?

移动到新页面会触发该页面上所有的绿旗脚本。在页面之间移动的唯一方法是使用红色积木，而不是从边缘离开页面。

认识界面

步骤

1. 界面上还有什么？

有几个按钮我们还没有涉及。让我们从左上角奇怪的黄色形状开始：它可以让你更改项目的名称，你的父母也可以共享这个项目。

2. 重设角色

"重设角色"按钮为蓝色，由一个箭头和一个X组成，这个按钮可让你将角色恢复到正常大小和原始位置。这不会影响你的脚本。

3. 网格模式

网格模式按钮位于画布上方的左侧。你可以使用它来精确定位角色，或者计算将一个角色移动到正确位置所需的步数。

学到了什么？

ScratchJr界面上布满了按钮，你可能需要一点时间才能了解各种按钮都在哪。与其他语言不同，ScratchJr会随时随地保存你的工作，因此你不用担心保存的问题。

简单的Scratch 项目

接下来我们会学习使用Scratch 3.0。它与ScratchJr共享了许多概念，包括那只小猫，不过Scratch 3.0在各个方面都比ScratchJr强大。Scratch是一种基于积木的高级语言，主要用处是帮助新用户学习编程，不过如果你愿意，它的结果可以导出为Android应用程序或Windows的可执行文件。

Scratch得名于DJ的"搓碟"（scratching）操作，通过这种操作，黑胶唱片能创造出新的声音。Scratch由麻省理工学院的媒体实验室开发，拥有超过7400万用户。与ScratchJr一样，Scratch 3.0可用于Apple和Android，但也可用于Windows PC、Apple Mac，同时也可以在浏览器中运行。

Hello World

需要什么
• Scratch 3.0

步骤

1. 添加一些文字
Scratch 3.0包含比ScratchJr更多的角色造型，其中包括一些字母。通过单击左下角的"选择一个造型"来添加一个新造型，在这里选择"字母"，将你的信息拼出来。

2. 积木
Scratch 3.0的积木类似于ScratchJr的积木，但数量更多。每个字母都需要自己的脚本才能移动。幸运的是，你可以将脚本拖到造型上，实现将脚本添加到造型中的操作。

3. 运行
我们从绿旗"运行"按钮开始我们的脚本，所以可以简单地单击它来让脚本运行。

学到了什么？
到目前为止，你应该已经看到了Scratch 3.0与ScratchJr的不同之处。它们非常相似，但Scratch 3.0更强大——更多的积木、更多的触发事件、更多的造型。各个方面都更强了，这意味着你可以制作更复杂的故事。

通常，程序员在掌握新语言或为新硬件编程时编写的第一段代码就是用来简单地显示"Hello World"，这表明你已经掌握了该语言的基础知识。此时，如果你能让字母跳舞，那就更好了。

全面了解Scratch 3.0!

需要什么

- Scratch 3.0

步骤

1. 还有什么新内容?

Scratch 3.0的界面与ScratchJr的很相似,不过有一点不同。Scratch 3.0界面的顶部还包含了能够让我们访问在线教程的链接、用于加载和保存项目的文件菜单,以及用于恢复操作的编辑菜单。

2. 越来越小

默认情况下,界面的各个部分都比较小,例如背景区域。Scratch 3.0中有很多新的背景,包括一些照片,你也可以上传自己的背景。

3. 编辑

最后一个新东西是内置在主界面中的造型和背景编辑器。选择你要编辑的内容,然后可以为角色选择造型,或更改背景颜色等。

学到了什么?

Scratch 3.0比ScratchJr稍微复杂一些,不过上手还是很容易的。如果你喜欢在ScratchJr中绘画和创建角色,那么你肯定能够在这里做同样的事情。

造型

需要什么

- Scratch 3.0

步骤

1. 选择造型

选择一个角色造型,然后打开造型编辑器。通过选择"复制"来复制造型。然后以某种方式更改新造型,在提供的框中为其指定一个新名称。

2. 切换造型

现在可以在脚本中使用紫色的外观积木。当它的触发事件被满足时,造型会从一种外观变成另一种——这里是我们的字母L从黄色变成紫色。

3. 背景

在Scratch 3.0中,背景有自己的脚本,并且可以在触发时更改背景。你甚至可以随机选择一个背景。

学到了什么?

在Scratch 3.0中,你使用的角色造型有被称为"造型"的变化,你可以使用触发事件在不同造型之间切换。背景也是如此,你可以编辑或添加自己的背景。

Scratch 3.0项目

发送生日贺卡

有什么比用Scratch制作动画生日贺卡更好的呢？这需要一些操作——你需要准备4种背景——但它们都可以通过几个工具轻松实现。

步骤

1. 准备背景

你需要4种背景——卡片封面、卡片打开过程中的两张图和卡片打开后的一张图。这些都可以使用背景编辑器中的矩形、重塑和渐变（用于阴影）工具来制作。

2. 添加一些造型

Scratch 3.0中有一个漂亮的带蜡烛的生日蛋糕，加上一些文字，这样就可以装饰蛋糕的正面。当卡片打开时，你希望这些都消失，因此将其设置为当背景换成2时隐藏。

3. 打开卡片

4种背景对应卡片打开这一过程的4帧动画。一旦蛋糕说完"生日快乐"，我们就将发送消息来触发背景切换，切换间隔时间为1秒。

4. 卡片内

当背景2过去时，卡片正面的所有内容都要隐藏。卡片里面的消息一开始是隐藏的，当你进入背景4时才会显示出来。消息是一个新的造型，可以使用文本工具编写消息。

5. 重置？

Scratch 3.0没有重置工具。像JavaScript和C这样专门的语言也没有重置工具。要想让所有的内容变为初始的样子，你需要使用移动和隐藏/显示积木，也许还需要使用单击触发器。

学到了什么？

如果你习惯了ScratchJr的重设按钮，那么Scratch 3.0中缺少这个功能可能会让你很不习惯。但这可以通过脚本来解决。这张生日贺卡利用背景切换来制作卡片打开的动画，并通过显示和隐藏造型来切换内容，触发条件包括查看和背景状态。

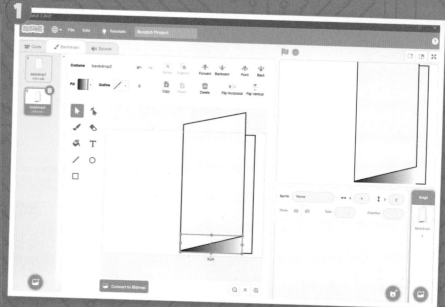

改变造型的颜色

步骤

1. 创建一个新的造型
Scratch 3.0的造型编辑器有很多功能。你可以在此处创建角色或消息，也可以使用称为"造型"的不同外观版本。

2. 还是那只猫
Scratch的吉祥物小猫再次出现在这里。我们将创造一些新的造型，改变它的颜色。

3. 先复制
如果你想保留原来的外观版本，记得在开始编辑之前复制它，否则将会覆盖原来的造型。

学到了什么?

在Scratch 3.0中更改造型的颜色及创建新角色都很容易。随着你能力的提升，可以开始绘制自己的角色。画一个没有腿的角色，然后复制它，你就可以通过绘制腿处于不同位置的造型来实现走路的效果。

创建走路的帧

步骤

1. 行走动画
黄猫的不同造型当中腿的位置也不同，所以我们可以结合造型运动和造型变化制作一个简单的动画。

2. 准备背景
运动积木需要与外观积木交替出现。我们可以使用"下一个造型"，因为小猫只有两个造型，然后将运动积木和外观积木放在一个叫作"重复执行"的积木中。

3. 慢下来
造型可能会在画布上飞速前进——你可以在变换造型后添加一个"等待1秒"积木来减慢造型的速度，注意"等待1秒"积木也要放在"重复执行"的积木中。

学到了什么?

两帧的行走动画就足以让观看者感觉到运动的效果，主要的问题是角色移动的速度——等待积木是必不可少的，除非是在制作冲刺动画。

更多的Scratch 3.0项目

Scratch中更多的动画

触发与造型和运动积木相结合的事件意味着我们可以创建动画，但也可以通过扭曲造型的大小和形状达到类似的效果。

需要什么

- 一些想象力

步骤

1. 创建一些文本

用字母造型写下你或其他人的名字，并为它们选择背景。我们将单独扭曲它们，因此触发事件选择"当角色被点击"。

2. 紫色积木

外观积木是实现这种效果的秘诀，当然还有"重复执行"。查看"将……特效设定为"积木中的下拉菜单，这里我们选择"漩涡"。

3. 颜色

为字母造型制作不同颜色的多种造型，然后设置为在单击时换成某造型。"等待"积木在这里非常有用。

4. 滑行

滑行积木类似于移动积木，但滑行积木可以移动到随机位置。这会给你的场景增加难以预料的混乱程度。

5. 造型外的颜色

更改颜色的一种更简单的方法是使用"将颜色特效增加"积木。用这个积木与"重复执行"相结合，可以帮你循环变换多种颜色，而无须为每种颜色准备造型。

学到了什么？

在这里，我们已经看到在Scratch 3.0中有时有多种实现某一效果的方法。滑行和移动听起来一样，但可能完全不同。同样，"下一个造型"和"将颜色特效增加"听起来不同，却可以达到相同的效果。

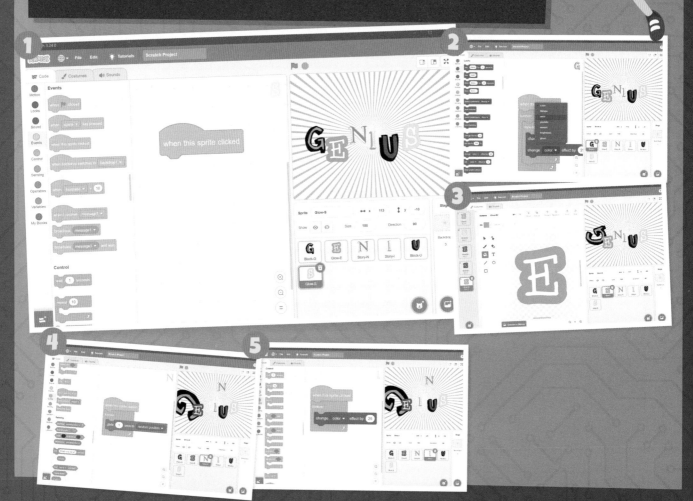

制作你自己的重置按钮

步骤

1. 自制重置按钮

如果你没有在脚本中使用绿旗，为什么不利用Scratch的功能将多个脚本附加到一个对象，然后将其变成一个重置按钮呢？

2. 第二个脚本

在现有的窗口中启动一个新脚本。选择一个"当绿旗被点击"事件作为开始，然后编写一个脚本将造型移回到原始位置。

3. 暂时修改一个脚本

如果你的造型有一个"当角色被点击"的触发事件，那么你可能会发现当你将其放回原始位置的时候，造型又会移开。要阻止这种情况，你需要暂时将"当角色被点击"的触发事件所执行的积木与触发条件断开。

学到了什么？

Scratch缺少重置按钮使其与大多数其他语言保持一致——只有ScratchJr中有重设按钮。利用将多个脚本附加到一个对象的功能，我们制作了自己的脚本，并能使用不同的事件来触发它们。

如何停止脚本运行

步骤

1. 停止一切

有时一个脚本，尤其是有重复的脚本，会一直运行下去。以下是在不用红色六边形按钮的情况下停止它的方法。

2. 停止按钮

在造型编辑器中创建一个停止按钮——它可以是任意大小。增加一段脚本，这意味着当你按下空格键时，将发送消息1。

3. 添加停止代码

更新页面上的所有其他脚本，当收到消息1时执行"停止全部脚本"积木。

学到了什么？

能够停止你的脚本在测试中非常有用。你的停止按钮大部分时间都可以隐藏——它不能单击，虽然它不碍事。不过将其连接到键盘触发事件之后，隐藏起来也是有效的。

尝试更多的Scratch 3.0项目

使用方向键移动角色

如果脚本正确，我们通过计算机键盘上的方向键（这对于无法使用外部键盘的平板电脑用户来说可能有点麻烦）可以移动角色。这可能是在自制游戏中实现可控角色的第一步。

步骤

1. 事件触发

使用黄色的事件积木"当空格键被按下"，然后将其中的"空格"换成上方向键。

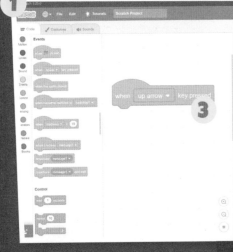

2. 运动积木

从运动积木（蓝色）中选择"将y坐标增加"，输入10，然后将其添加到脚本中。

3. 重复3次

重复这个脚本3次，分别实现的功能是：当下方向键被按下时y坐标增加−10；当左方向键被按下时x坐标增加−10；当右方向键被按卜时x坐标增加10。

学到了什么？

使用这些脚本，你就可以通过方向键控制你的角色在屏幕上移动。将10改为更大的数字能够让角色移动得更快，或者将数字改小让角色移动得慢一些。

侦测积木

侦测积木非常智能，因为它们允许你编写一个仅在侦测积木感应到条件满足时才会触发的事件。比如碰到了鼠标指针或其他造型、按键被按下或是计时器计时结束。

步骤

1. 放个苹果
创建一个新的造型，我们将编写脚本以侦测它是否碰到了小猫。这里选择了一个苹果。

2. 侦测积木
为苹果编写一个脚本，让它随机移动并侦测它是否碰到了猫——记住限制苹果移动的次数，否则代码将会永远运行。

3. 游戏？
我们已经编写了一个随机移动苹果的循环代码。将它与能通过方向键控制的猫结合起来，你就完成了一个最简单的游戏。

学到了什么？
在你的脚本中加入侦测碰撞的代码——本质上是侦测造型之间的碰撞，这非常实用。所有的游戏都是依靠侦测碰撞来决定要发生什么的，以及判断玩家是否应该得分。

保存分数

如果你要制作游戏一类的作品，那么保存分数可能是必不可少的——从不同角色接触的次数，到它们捡起的苹果的数量。

步骤

1. 变量
滚动找到称为"变量"的深橙色积木，然后在"建立一个变量"的框中输入"Score"。

2. 变量块
在脚本开始的地方添加一个新的"设置Score的值为0"的积木，然后将计分添加到上一个项目中创建的循环中。

3. 计分
在"变量"列表中"Score"项前面打钩，这样分数将显示在"接苹果"游戏的画布上。

学到了什么？
我们把一只可用键盘控制的猫、一个随机移动的苹果放在一起，条件是如果猫碰到苹果，就会得到一分。这个游戏基本上就成型了！

用代码保存分数对你来说是不是非常容易？

跟着音乐跳舞

Scratch 3.0 中的音乐

与ScratchJr相比,在Scratch 3.0中你能通过音乐和声音实现很多功能。在界面中有一个专门的"声音"编辑器,从中你可以选择喜欢的歌曲和声音,并将其添加到项目中。这些音乐能够通过粉色的积木融入脚本和循环中。

步骤

1. 角色和背景
添加角色和背景,为舞会做好准备。选一个拥有许多不同造型的角色是一个好主意,例如 Cassy Dance 或 Ballerina。

2. 粉色积木
一旦你选择了一首曲子,它就会出现在声音积木的下拉菜单中。

3. 造型的声音
你可以将不同的声音与添加的每个造型相关联——诀窍是改变触发事件,这样它们就不会同时发出声音了。

学到了什么?

可以在"声音"编辑器中选择声音并与当前处于活动状态的任何造型相关联。Scratch 3.0中有大量的声音,你不仅可以编辑它们,使它们的持续时间与你预想的一样长,还可以录制自己的声音。

将声音与造型结合

一旦播放了音乐，你就会情不自禁地跳舞。一些角色的造型是舞蹈动作的循环，因此让我们来看看它们是如何舞动的。

步骤

1. 舞蹈动作
可以使用"下一个造型"积木实现舞蹈动作之间的切换，不过你还需要在其间放一个等待积木，以免角色的动作太快。

2. 开始音乐
有两个积木可以启动音乐："播放声音"（Start Sound）和"播放声音……等待播完"（Play Sound）。"播放声音"是开始播放后立即执行下一个积木，但"播放声音……等待播完"会等到声音播放完之后才执行下一个积木。

3. 音量变化
还有一些积木可以改变角色发出的声音的音量和音调。你可以按照百分比来设置音量，也可以通过增减来改变音量。

学到了什么？
音乐和声音效果可以像运动或造型变化一样触发。你还可以处理内置的声音，或录制自己的声音。

管弦乐队

内置于 Scratch 的乐器造型能够发出对应乐器的声音。你能将它们组合在一起演奏出你熟悉的曲调吗？

步骤

1. 寻找乐器
在造型菜单中的"音乐"子项下，你会找到很多乐器。这些乐器对于大多数摇滚乐或一些很酷的爵士乐都足够用了。不过没有贝斯。你能用音调积木做一个吗？

2. 一个完整的八度
每个乐器都有8个音符，这是一个完整的八度音程，应该足够你完成一段曲调。

3. "小星星"
你能尝试演奏《小星星》吗？

学到了什么？
尽管只有一个八度（你可以使用音调积木进一步调整），但乐器的音乐积木中有足够的音符能帮你完成常见的曲调。如果你会弹钢琴或演奏其他乐器，那么在 Scratch 中也一定没问题。

玩转Scratch扩展功能

为Scratch 3.0 添加扩展

扩展是额外的积木，可以将你的Scratch项目连接到外部硬件，例如BBC micro:bit或LEGO Mindstorms。它们还增强了Scratch本身的功能，因此这里我们将通过添加音乐扩展来增强Scratch的音乐功能。

需要什么

- 计算机或平板电脑
- 一些想象力
- 耳机

步骤

1. 找到扩展
扩展位于Scratch窗口的左下角，是个蓝色按钮。单击它就会看到可用的功能。

2. 音乐
单击"音乐"，然后就会返回Scratch主窗口，在那里你会看到一堆新的积木。

3. 基本鼓点
放置一个触发积木，然后在其下方添加4个击打小军鼓的积木，每个积木持续一个节拍。

学到了什么？

现在你知道如何将扩展功能添加到Scratch当中了。如果你使用的是树莓派，那么你将看到特殊的扩展功能，这些功能将允许你使用树莓派的硬件接口（例如GPIO引脚、HAT扩展板及LED这样的简单电子元器件）。

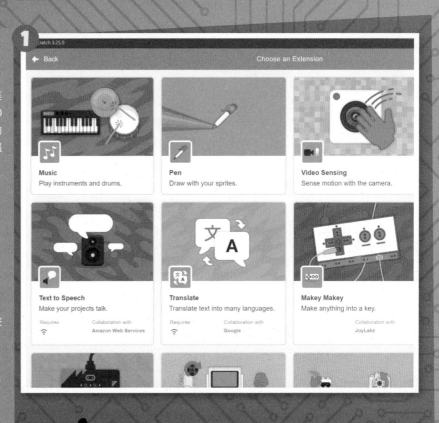

去网上下载Scratch做项目吧！

更多的音乐

现在有了音乐的扩展功能，你就可以播放出比之前更多的声音。在上一个简单鼓点的基础上，我们可以完成一些更复杂的音乐。

步骤

1. 节拍

音乐积木使用数字符号表示节拍。每个击鼓的积木表示击鼓一次，其持续时间由数字设置：1表示完整的一个节拍，0.25表示四分之一拍。

2. 乐器

添加"将乐器设为……"积木，你可以从21种不同的乐器声音中进行选择。

3. 音符

这些乐器演奏的音符从低音的C（0）到高音的降B（130）。注意虽然显示了音符131和132，但无法选择。你还可以在此处设置音符的持续时间。

学到了什么？

音乐积木增加了完成一些复杂音乐的功能，如果你能理解音符编号和节拍长度这套系统，或者如果你学过一种乐器，那么这些内容就会很容易。如果没有，通过一些实践也能够很快掌握。

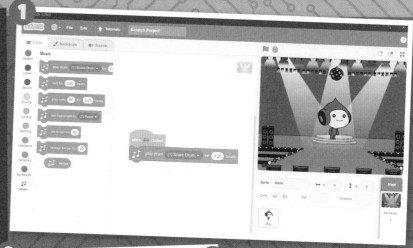

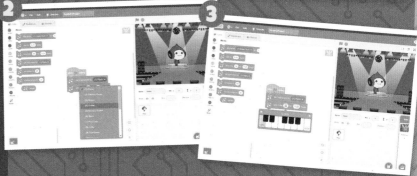

和弦及其他

如果在Scratch中的音乐制作已经超越了单一乐器的曲调，那么你可以考虑开始添加和弦。 在和弦中会有3个或3个以上的音符一起演奏，我们会同时听到这些声音。要做到这一点，请确保你的所有乐器都以相同的速度演奏，这一点非常重要。

步骤

1. C大调

和弦不需要多个造型。相反，需要用相同的触发事件启动多个脚本。C大调和弦包含了C、E和G。

2. F和G

我们要把它变成一个12小节的蓝调。这意味着你还需要F和弦（F、A、C）和G大调和弦（G、B、D、F#）。采用添加C大调和弦相同的方式添加它们。

3. 12小节蓝调结构

你的结构应该是CCCC、FFCC、GGCC。对于G大调，你需要第四列带有休止符的积木，直到再次需要发声。

学到了什么？

你不仅可以在Scratch中添加和弦，还可以演奏蓝调。你可以为这些基本的和弦添加一条低音线，还可以在上面加上一段小号的独奏。尝试改变乐器的音量以获得真正乐队的感觉，不要忘记还有打击乐。

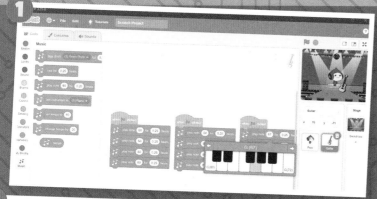

在Scratch中涂鸦和绘制图形

使用画笔积木

在扩展中找到画笔积木并添加到Scratch中。这个功能会将你的角色当作一支能够设置为任何颜色的画笔，画笔能在纸上抬起或放下，同时还能改变粗细。有两种方法可以使用画笔——跟随角色移动，或跟随鼠标指针。

需要什么

- Scratch 3.0
- 想象力

步骤

1. 设置
使用本书前面的脚本，让角色跟着鼠标指针移动。然后我们添加扩展的画笔。

2. 脚本
使用方向键控制脚本，添加额外的积木，以便你可以控制抬笔或落笔。

3. 跟随鼠标
将积木"移到鼠标指针"放入循环中，这样当画笔放下的时候，你就可以通过鼠标画图了。不过可能目前你需要的是停止画图的方法。

学到了什么？

现在你可以在Scratch中徒手画图了，或者使用方向键绘制完美的直线。停止画图可能是一个问题，尤其是当画笔绑定在鼠标指针上的时候，应该事先制作一个能停止所有脚本运行的按键，另外还要为积木"全部擦除"设置一个快捷键。

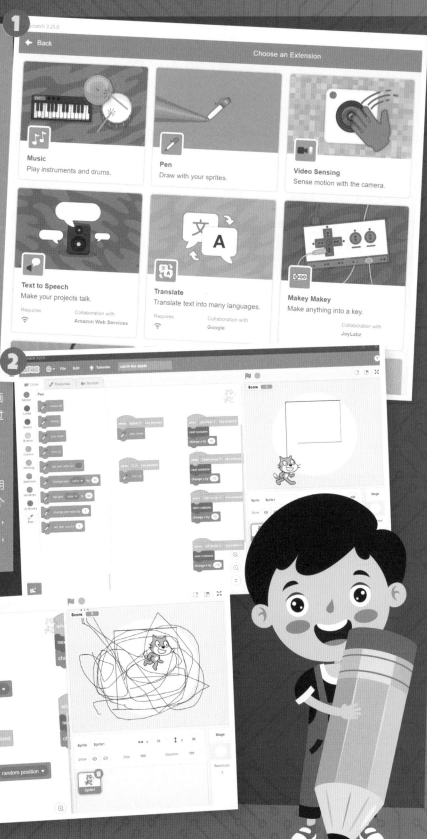

彩色画笔

这里，我们将制作一支在你画图时会改变颜色的画笔。你可以使用"重复执行"不断改变颜色，或者将不同的颜色绑定到作为快捷键的不同按键上。

步骤

1. 彩虹
为了保证颜色的变化，在循环中添加"将笔的颜色增加10"的积木，并将其添加到造型的脚本中。

2. 快捷键
使用事件触发的方式来设定将画笔变为特定颜色的按键。

3. 厚度
你可以用同样的方式来改变画笔的粗细。

学到了什么？

如果你只能绘制一条细的蓝线，那么画画就少了许多乐趣。使用这里的脚本，你可以用彩虹色进行绘画，更改画笔的粗细，并从包含数百万颜色的调色板中选择一种颜色。

绘制图形

绘画不必是徒手的。你还可以使用脚本绘制几何图形——请记住，旋转积木使用的参数是外角，因此如果等边三角形的内角是60度，那么就需要将画笔旋转120度。

步骤

1. 三角形
让我们从简单的开始。几何图形是线长和角的组合，因此我们要编写一个脚本来绘制长150、外角为120度的线。

2. 六边形
将边数增加到6个（使用重复积木），而旋转角度需要减少到60度。

3. 角度
外角大小的计算公式为：外角角度＝（360÷边数）。

制作自己的Scratch造型

在Scratch中绘图

Scratch 中的造型系统比 ScratchJr 的要复杂得多，绘画工具也是如此。你可以创建一个角色，然后复制它以制作更多造型，或者可以导入你在别处绘制的造型。

需要什么

- 计算机或平板电脑
- Scratch 3.0
- 绘画或图像编辑应用程序

步骤

1. 造型编辑器
Scratch 3.0 中的造型编辑器位于"造型"选项卡中。你可以编辑现有造型，或是创建自己的造型。

2. 造型
复制一个造型，你可以创建一个新的造型。注意吸管工具，它允许你从造型的任何位置拾取颜色。

3. 变形
变形是最有用的工具之一，它允许你选择多边形或椭圆，然后拉伸图形的边缘，使其成为完全不同的形状。

学到了什么？

在 Scratch 中制作自己的造型是一种有趣的体验，你可能永远不需要使用外部应用程序。与 Photoshop Elements 之类的工具相比，目前的这些工具可能很简单，但在制作卡通画方面，绝大多数需求是能做到的。

72

利用照片制作造型

一些内置造型比其他造型更像照片。我们可以通过摄像头拍摄一些某个人不同姿势的照片，然后将它们用作造型。

步骤

1. 导入你的照片
创建一个新的造型，然后从弹出菜单中选择上传造型。选择要添加的文件。

2. 编辑照片
使用橡皮擦工具删除造型的背景，以及任何你不想保留的部分。你也可以在另一个应用程序中执行此操作。

3. 插入脚本
为你的新造型命名，然后返回到代码窗口。你的新造型将能够互动、改变造型，做任何其他造型可以做的事情。

学到了什么？

能够制作自己的造型后，就可以更轻松地在Scratch中让你的创作更有原创性。可以在Scratch中绘制自己的作品，或者在另一个应用程序中创建并上传它，也可以专门为你的项目拍摄照片。

导出和共享造型

最终，你将创建出一个非常合适的造型，它需要在项目之间甚至创作者之间共享。你可以使用导出功能执行此操作，该功能会创建一个文件，而这个文件可以导入其他Scratch项目，或是通过电子邮件发送，再或者通过网络共享。

步骤

1. 导出
导出的操作很简单，用鼠标右键单击要导出的造型，然后选择"导出"。

2. 保存文件
弹出一个窗口。给你的文件起个名，确认一下文件保存的位置。"文档"文件夹是个好地方。

3. 导入保存的造型
保存的造型文件总是以".sprite3"结尾。当你想导入一个造型时，记下你保存它的位置，然后使用造型库菜单中的"上传"来进行导入。

在Scratch 3.0中制作弹球游戏

弹球游戏

多年来，这款游戏有很多的名字，例如Breakout或Arkanoid。不过，接下来将制作的版本是最好的，因为这是你自己制作的。

需要什么
• Scratch 3.0

步骤

1. 拍子
在屏幕的底部是一个矩形的"拍子"。制作一个新造型，并编写脚本实现能通过方向键控制其左右移动。

2. 球
这是另一个新造型——它可以就是一个简单的圆圈，或者你可以让其有一点3D效果。再或者，可以从造型库中选择一个。

3. 球的行为
我们希望球在碰到画布的两侧时反弹。注意我们使用的绿色运算符积木。

4. 从拍子上弹起
游戏的重点是要让球从拍子上弹起，所以添加一些积木来实现这个功能。

学到了什么?

你已经编写了一个在屏幕上弹跳的球，这个球在底部碰到拍子时会弹起。尝试给球和拍子设置不同的移动速度，使拍子更容易或更难碰到球。

74

判断游戏结束

弹球游戏的要点是，如果你的球从底部飞出，那么你就会失去一条命。我们可以通过在屏幕底部放置一个长条的造型来实现这一点，每次当球碰到底部的造型时，代表生命数变量的值就会减1，直到生命数变为0。

步骤

1. 新造型
画一条黑色的细长的线——不要太细，否则你将无法移动它——造型的名字为"bottom"。

2. 变量
创建一个名为Lives的变量的值，并在球的脚本中设定变量的初始值为3，然后，每次当球碰到"bottom"时，变量值减1。

3. 游戏结束
当你的生命数为0时，向隐藏的字母造型发送消息以显示"GAME OVER"。

学到了什么？

这个操作将我们之前介绍的"消息"和"变量"联系了起来。一旦失败3次，游戏就会停止并显示游戏结束的消息。

赢了!

其他弹球游戏中，还存在一些你的球能击打的砖块，所以我们也来添加一些！以创建造型并复制的形式添加砖块，然后使用变量来计算击中的数量。如果分数达到10，则会显示消息"You Win"。

步骤

1. 砖块
制作一个矩形造型，然后添加一个脚本，脚本内容为当它碰到球的时候隐藏，然后在score（变量）的值达到10的时候发送消息在屏幕上显示"You Win"。

2. 复制
复制砖块10次。附加的脚本也要复制。

3. 赢了的消息
这个内容开始是隐藏的，不过在score的值达到10并收到消息2时会显示。

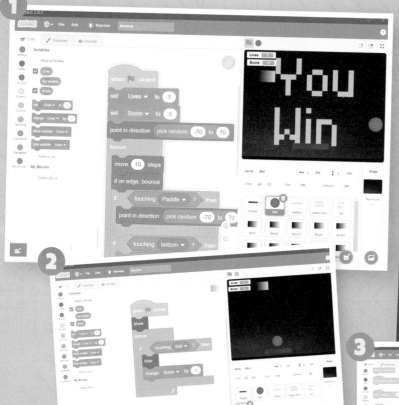

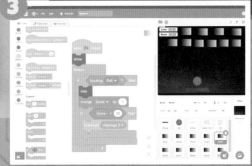

在Scratch中如何克隆

克隆

在上一个项目中，我们复制了一个造型10次。这样做还会复制与造型相关联的脚本，不过我们可以更改脚本让每个砖块的行为都不同。另一方面，如果使用克隆，则会创建大量由同一脚本控制的造型。你可以在项目中充分利用克隆的这个特点。

步骤

1. 小处着手
从一个简单的造型开始，先将它缩小，因为我们需要显得空间大一些。使用画笔中的"全部擦除"积木开始创建脚本。

2. 克隆
克隆积木在控制分类中。使用重复执行创建多个克隆——它们现在都出现在同一个地方。创建一个名为"Clone"的新变量来跟踪它们。

3. 克隆规则
从控制分类中选择一个"当作为克隆体启动时"作为一段新脚本的开头。这里屏幕截图中的脚本创建了一个简单的由克隆体组成的环。

学到了什么?

现在，我们已经看到了克隆与复制的区别，以及如何编写脚本来制作图案。重要的是，你只需编写一个脚本即可创建和控制大量克隆体。

继续克隆

我们已经掌握了克隆的窍门，现在可以尝试让这些克隆体移动。另外我们还将尝试使用图章积木，它会让造型在画布上留下印记。

步骤

1. 图章
图章是画笔扩展中的一个积木。将其与运动和颜色变化组合成一个循环能实现图中的效果。

2. 更多动作
添加更多动作的选项，色彩斑斓的鹦鹉将会填满整个画布。

3. 新造型
添加第二个造型。要将脚本从一个造型复制到另一个造型，你只需用鼠标拖动它。

学到了什么?

能够给造型留下印记意味着你可以制作各种图案。通常，最简单的造型才能创造出最好的图案，尤其是当它们一直在改变颜色时。

更多的克隆

制作重复的图案并不是你可以用克隆实现的全部。使用克隆来生成气球可以制作一个有趣的游戏，你可以在倒计时结束之前尝试弹出尽可能多的气球。

步骤

1. 气球!
为气球造型制作一个造型以显示它正在爆炸，而另一个造型写上"Winner!"

2. 点、点、点
创建一个脚本在背景上的随机位置生成气球的克隆体。

3. 你赢了
单击它们使它们爆炸。在得分达到10之后，游戏结束，你赢了。

学到了什么?

这个方法很简单，但是很有效。克隆体在屏幕上移动并在被单击时爆炸。你可以增加不能单击的危险气球来增加趣味性，使用"运算符"分类中的随机数来决定哪些是不能点的气球——这需要你自定义造型。

在树莓派上安装Python

在终端中安装

终端对于我们在树莓派上使用Python至关重要。安装语言环境后，你可以直接在终端中编程，也可以使用桌面集成开发环境（integrated development environment，IDE），比如Thonny。 如果没有树莓派，在Windows和macOS上使用Python也是一样的，而对于macOS来说你可能需要先在应用商店中安装Xcode。所以只需在网络上搜索正确的版本即可（可能会是一个安装文件）。IDE可能会有所不同（"官方"IDE称为IDLE，或者可以使用微软的Visual Studio Code），但代码是一样的。

需要什么

- 树莓派
- 网络

步骤

1. 安装
打开终端并输入"sudo apt install python3 -y"。下载一段时间后，就可以在你的树莓派上安装Python 3了。

2. 要下载THONNY吗？
检查树莓派菜单的Programming（编程）部分有没有Thonny——它应该是标准配置，如果没有的话，在终端中输入："sudo apt install python3-thonny"。

3. 打开THONNY
只需在Raspberry/Programming菜单中单击Thonny，就会打开一个空白窗口。

学到了什么？

在树莓派上安装应用程序需要询问包管理器APT。你需要知道应用程序的名称，并且需要使用"sudo"（superuser do）命令，因为这个操作正在对你的计算机进行更改。

78

Python第一步

当面对一种新语言时，所有计算机程序员都会做的一件事是什么呢？当然是显示"Hello World"！这一传统至少可以追溯到1978年，当时它被写进一本关于C语言的书中，如果再往前可以进一步追溯到1974年贝尔实验室的备忘录，甚至可以追溯到1967年影响了C的BCPL语言。

步骤

1. Hello World!

直接在Thonny的主窗口中输入代码："print ("Hello World")"。

2. 保存

如果你没有保存代码，Thonny是不会让你运行程序的，所以要么单击"保存"图标，要么单击绿色的"运行"按钮。为你的脚本命名，它将另存为.py文件。

3. 运行

如果还没有运行，请按绿色的"运行"按钮。你将在Thonny的底部窗口中看到代码的文本输出。

学到了什么？

你刚刚写了一个计算机程序。当然，括号和引号内的文本可以更改为你想写的任何内容。虽然这只有一行，但我们确信我们可以做得更好。

更多代码

Python使用缩进的形式——即每行开头的间隔——将代码组合在一起。没有字符就表示一行的结束，就像某些语言一样——只需按回车键即可。但是，如果由于行太长而需要拆分行，那么可以使用反斜杠"\"。而如果要在一行中包含多个语句，可以用分号";"将它们分隔开。

步骤

1. 简单的加法

这有一些代码："y=5; x=7; print (x+y)"。我们用分号分隔语句以使其全部放在一行。在Thonny中，你可以将其写成3行，如屏幕截图所示。

2. 缩进

如果我们有不只一段实现某个功能的代码，那么缩进就会发挥作用。了解这些是理解Python的关键。

3. 输入缩进

缩进就是每一行之前的一些空格。往右距离相同的所有连续行都是同一段代码的一部分。

学到了什么？

Python中的缩进是必不可少的。在其他语言中，它是为了让代码更清晰，但对于Python来说，它是语法规则的一部分。

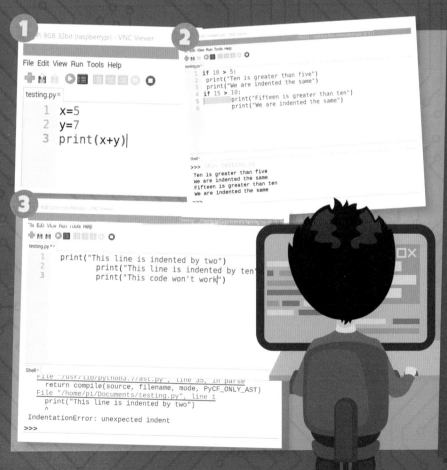

获取输入

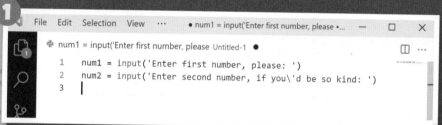

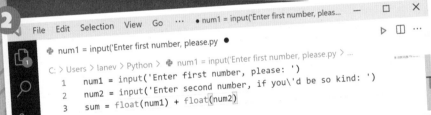

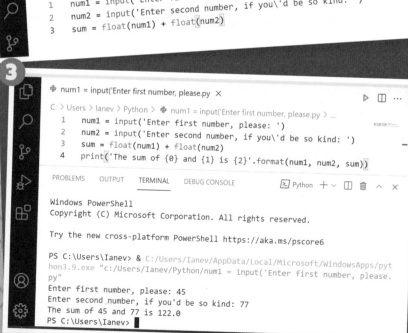

两个数相加

这是一个简单的程序：让用户输入两个数字，然后将它们相加。实践中，这意味着要使用之前用于显示"hello world"的print()函数，再结合用于读取输入内容的input()函数。我们在Windows的Visual Studio Code中执行此操作，不过它也可以在macOS或Linux上运行。

需要什么

- 一台Windows、macOS或Linux计算机
- Python IDE，例如Visual Studio Code或Thonny

步骤

1. 获取输入

这是要求输入两个数字的代码。请注意第二行中的反斜杠——这是一个转义字符，用于阻止单引号被识别为字符串的结束。

2. 让数字相加

将"num1"与"num2"的和赋值给"sum"。"float"是告诉脚本将输入视为小数，以防有人输入12.3或16.8。我们用"int"表示整数。

3. 输出

第4行看起来很复杂。它在{ }大括号中定义了一个集合，然后用列表格式化了它们，这是告诉Python将哪些数字放在哪个位置。

学到了什么？

这是一个比"hello world"更复杂的程序，因为它需要用户输入内容，然后对输入的内容求和。如果想更改输出，可以将"+"更换为"−""*"或"/"，同时将第4行中的"sum"更换为"difference""product"或"quotient"。

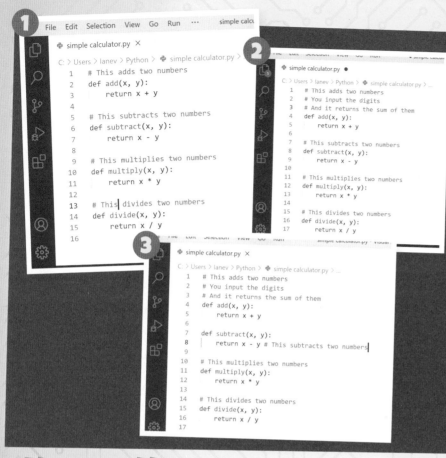

```
1   # This adds two numbers
2   def add(x, y):
3       return x + y
4
5   # This subtracts two numbers
6   def subtract(x, y):
7       return x - y
8
9   # This multiplies two numbers
10  def multiply(x, y):
11      return x * y
12
13  # This divides two numbers
14  def divide(x, y):
15      return x / y
16
```

```
1   # This adds two numbers
2   # You input the digits
3   # And it returns the sum of them
4   def add(x, y):
5       return x + y
6
7   # This subtracts two numbers
8   def subtract(x, y):
9       return x - y
10
11  # This multiplies two numbers
12  def multiply(x, y):
13      return x * y
14
15  # This divides two numbers
16  def divide(x, y):
17      return x / y
```

```
1   # This adds two numbers
2   # You input the digits
3   # And it returns the sum of them
4   def add(x, y):
5       return x + y
6
7   def subtract(x, y):
8       return x - y # This subtracts two numbers
9
10  # This multiplies two numbers
11  def multiply(x, y):
12      return x * y
13
14  # This divides two numbers
15  def divide(x, y):
16      return x / y
17
```

注释

在代码中使用注释，可以描述你正在做的事情，还可以给整段代码起个名字，而这是不会影响程序执行的，因为注释会被计算机忽略。在Python中，注释使用的符号为#。

需要什么

• 一台 Windows、macOS 或 Linux 计算机
• Python IDE，例如 Visual Studio Code 或 Thonny

步骤

1. 简单的注释

这是一个计算器示例程序代码开头的一部分。你可以看到注释是绿色的，每行注释都以#开头。

2. 多行注释

注释不必限于一行，只要以#开头的都是注释。

3. 行尾注释

你可以在行尾添加注释，一旦遇到符号#，Python编译环境就会忽略它。

学到了什么?

注释是提醒自己代码实现哪些功能的好方法，同时也能帮助其他正在阅读代码的人搞清楚代码的作用。

简单的计算器

这是简单计算器程序示例代码的其余部分。它与手机上的应用程序不一样，你需要先选择进行什么运算。

需要什么

• 一台 Windows、macOS 或 Linux 计算机
• Python IDE，例如 Visual Studio Code 或 Thonny

步骤

1. 选择

先选择想要执行什么运算——加法、减法、乘法或除法，然后输入两个数字。

2. elif 结构

elif意味着如果条件为真，其中的代码对应的指令才会被执行，代码对应的指令获取第一步中的输入并将不同的运算操作应用于两个数字。

3. 运行程序

单击界面顶部的播放按钮运行程序。在 Visual Studio 代码环境中是在终端窗口中运行。

学到了什么?

这个程序从用户那里获取两个输入，"num1"和"num2"，然后判断先前选择并存储在名为"choice"中的变量值，不同的值执行不同的运算。感谢"elif"，有了它，你才能够根据输入的不同而选择不同的运算操作。

```
18      print("Select operation.")
19      print("1.Add")
20      print("2.Subtract")
21      print("3.Multiply")
22      print("4.Divide")
23
24  while True:
25      # Take input from the user
26      choice = input("Enter choice(1/2/3/4): ")
27
28      # Check if choice is one of the four options
29      if choice in ('1', '2', '3', '4'):
30          num1 = float(input("Enter first number: "))
31          num2 = float(input("Enter second number: "))
32
33          if choice == '1':
34              print(num1, "+", num2, "=", add(num1, num2))
35
```

```
33          if choice == '1':
34              print(num1, "+", num2, "=", add(num1, num2))
35
36          elif choice == '2':
37              print(num1, "-", num2, "=", subtract(num1, num2))
38
39          elif choice == '3':
40              print(num1, "*", num2, "=", multiply(num1, num2))
41
42          elif choice == '4':
43              print(num1, "/", num2, "=", divide(num1, num2))
44              break
45          else:
46              print("Invalid Input")
```

```
Windows PowerShell
Copyright (C) Microsoft Corporation. All rights reserved.

Try the new cross-platform PowerShell https://aka.ms/pscore6

PS C:\Users\Ianev> & C:/Users/Ianev/AppData/Local/Microsoft/WindowsApp
hon3.exe "c:/Users/Ianev/Python/simple calculator.py"
Select operation.
1.Add
2.Subtract
3.Multiply
4.Divide
Enter choice(1/2/3/4): 3
Enter first number: 234
Enter second number: 467
234.0 * 467.0 = 109278.0
PS C:\Users\Ianev>
```

Python中更多的数学运算

平方根

如果你在数学课上还没有遇到过平方根，可以在这里先了解一下。一个数的平方就是这个数乘以它自己，比如3×3=9。而9的平方根就是把这个过程反过来，计算得到的数为±3。当你要学习大学水平的数学时，平方根会变得非常重要，不过现在你只要知道它们的存在就足够了。

需要什么

- 一台Windows、macOS或Linux计算机
- Python IDE，例如Visual Studio Code或Thonny

步骤

1. 输入

你可以编写代码要求用户输入数字，不过这里为了能够尽快地展示结果，我们将直接计算14的平方根。当然，你可以将其改为你喜欢的任何值。

2. 指数

用于计算平方根的运算符是指数运算符"**"，后面跟1个参数，在本例中为0.5。

3. 输出

运行脚本，在没有输入任何数字的情况下，你就能够得到14的平方根。

学到了什么?

指数运算可用于计算各种数据的幂和根，具体取决于后面参与计算的数字——如果将0.5变为0.33则表示计算立方根，或者10表示10次幂。

可以用你的代码算出平方根吗?

1

🐍 Square root.py ●

C: > Users > Ianev > Python > 🐍 Square root.py > ...
```
1    #square root calculator
2    num = 14
3
```

2

🐍 Square root.py ●

C: > Users > Ianev > Python > 🐍 Square root.py > ...
```
1    # square root calculator
2    num = 14
3    # here's the exponent
4    num_sqrt = num ** 0.5
5    # here's the output line
6    print('The square root of %0.3f is %0.3f'%(num ,num_sqrt))
```

3

PROBLEMS   OUTPUT   TERMINAL   DEBUG CONSOLE   Python + ∨ ▯ 🗑 ∧ ✕

```
Windows PowerShell
Copyright (C) Microsoft Corporation. All rights reserved.

Try the new cross-platform PowerShell https://aka.ms/pscore6

PS C:\Users\Ianev> & C:/Users/Ianev/AppData/Local/Microsoft/WindowsApps/pyt
hon3.9.exe "c:/Users/Ianev/Python/Square root.py"
The square root of 14.000 is 3.742
PS C:\Users\Ianev>
```

导入模块

Python导入和使用模块的功能是其强大和成功的关键。模块就像代码库，它让语言能够完成更多的操作。这里，我们将再次计算平方根，不过这一次，我们会先导入一个模块，然后使用模块中的sqrt命令。

步骤

1. 导入
你需要知道要使用模块的名称，因此要事先做一些研究。我们将要使用的模块叫作"cmath"。如你所见，Visual Studio Code会自动提示模块名称。

2. 输入数字
这里我们用float()来接收用户的输入，然后调用cmath中的sqrt函数来处理它。

3. 输出
cmath模块可以处理复数，但我们只是给它提供了一个浮点数，所以答案以"+0.000j"结束。这里计算的结果显示3464的平方根是58.856。

学到了什么?

导入模块能够让我们使用Python内置标准集之外的工具。网络上有大量模块，并且还在一直创建更多的模块。

1

```
Square root 2.py 1  ●                                    ▷  ⊟  ·
C: > Users > Ianev > Python >  Square root 2.py
1    his imports the complex math module
2    import cmat
          {} cmath
          {} compileall
          {} _compat_pickle
```

2

```
Square root 2.py  ●
C: > Users > Ianev > Python >  Square root 2.py > ...
1    # This imports the complex math module
2    import cmath
3    # Type in a number...
4    num = float(input('Enter a number: '))
5    # Do the maths...
6    num_sqrt = cmath.sqrt(num)
7    print('The square root of {0} is {1:0.3f}+{2:0.3f}j'.\
8        format(num ,num_sqrt.real,num_sqrt.imag))
```

3

```
Windows PowerShell
Copyright (C) Microsoft Corporation. All rights reserved.

Try the new cross-platform PowerShell https://aka.ms/pscore6

PS C:\Users\Ianev> & C:/Users/Ianev/AppData/Local/Microsoft/WindowsApps/pyt
hon3.9.exe "c:/Users/Ianev/Python/Square root 2.py"
Enter a number: 3464
The square root of 3464.0 is 58.856+0.000j
PS C:\Users\Ianev>
```

将千米转换为英里

这是一个非常有用的程序，当你与使用英制单位的国家的人打交道时（基本上除英国和美国，世界上其他地方使用的都是国际单位制单位）能够用得上。幸运的是，你可以使用一个简单的转换因子来编程。这是基础数学，因此不需要模块。

步骤

1. 距离
要求用户输入他们想要转换的距离，距离以千米为单位。将其存储为变量。

2. 转换
要获得以英里为单位的数字，那么就将千米数乘以0.621371（1千米≈0.621371英里）。因此，在程序中写入这个数字。这里注意我们是如何使用反斜杠将一条较长的代码分成两行的。

3. 最终结果
输出看起来很像你期望的那样。因为我们要求输入为float()，所以你会在输出中得到一个小数结果。

1

```
C: > Users > Ianev > Python >  km to miles.py > ...
1    # Take input from the user
2    km = float(input("Enter distance in kilometers: "))
```

```
 km to miles.py  ×
C: > Users > Ianev > Python >  km to miles.py > ...
1    # Take input from the user
2    km = float(input("Enter distance in kilometers: "))
3    # conversion factor
4    conv_fac = 0.621371
5    # calculate miles
6    miles = km * conv_fac
7    print('%0.2f kilometers is equal to %0.2f miles' \
         %(km ,miles))
```

2

3

```
PS C:\Users\Ianev> & C:/Users/Ianev/AppData/Local/Microsoft/WindowsApps/pyt
hon3.9.exe "c:/Users/Ianev/Python/km to miles.py"
Enter distance in kilometers: 66
66.00 kilometers is equal to 41.01 miles
PS C:\Users\Ianev>
```

40 km/h

在Python中尝试更多的数学运算

是闰年吗？

这是一个从计算机刚出现的时代开始就一直困扰着计算机科学家的问题。闰年会导致整数溢出，即日期移动到计算机无法处理的范围——有时，2月29日会在代码处理的范围之外——而2000年到来时则可能会导致各种问题，因为计算机遇到'00'年有时可能会认为是1900年。某一年是否是闰年有一个公式，不过这个公式比四年一闰稍复杂一点，所以最好检查一下。

需要什么

- 一台Windows、macOS或Linux计算机
- Python IDE，例如 Visual Studio Code 或 Thonny

步骤

1. 获取输入

这里不需要小数，所以我们在请求用户输入时使用了int( )。

2. 是闰年吗？

闰年可以被4整除，但以00结尾的年份除外。如果00结尾的年能被400整除，则又是闰年，因此我们需要一些"if"语句。

3. 输出

无论你输入什么年份，它都会被包含了"if"和"else"语句所对应指令的程序所处理，且接受除法运算以判断是否为闰年。

学到了什么？

这里的代码使用"if"和"else"对一个数字进行了一系列数学测试，目的就是看看它是否能被4或400整除。

①

🐍 leap year.py ●

C: > Users > Ianev > Python > 🐍 leap year.py > ...
```
1    year = int(input("Enter a year: "))
2
```

②

🐍 leap year.py ✕

C: > Users > Ianev > Python > 🐍 leap year.py > ...
```
1    year = int(input("Enter a year: "))
2    # Is it a leap year?
3    if (year % 4) == 0:
4      if (year % 100) == 0:
5        if (year % 400) == 0:
6          print("{0} is a leap year".format(year))
7        else:
8          print("{0} is not a leap year".format(year))
9      else:
10       print("{0} is a leap year".format(year))
11   else:
12     print("{0} is not a leap year".format(year))
```

③

PROBLEMS   OUTPUT   TERMINAL   DEBUG CONSOLE   ⬡ Python + ∨ ▢ 🗑 ∨ ✕

```
Windows PowerShell
Copyright (C) Microsoft Corporation. All rights reserved.

Try the new cross-platform PowerShell https://aka.ms/pscore6

PS C:\Users\Ianev> & C:/Users/Ianev/AppData/Local/Microsoft/WindowsApps/pyt
hon3.9.exe "c:/Users/Ianev/Python/leap year.py"
Enter a year: 1996
1996 is a leap year
PS C:\Users\Ianev>
```

这个数能被另一个数整除吗？

这是运用除法的另一段代码，不过除数不限于4或400。这里使用了一个函数，它是一组执行特定任务的相关语句。没有名称的函数在Python中称为"lambda"函数，这就是其中之一。

步骤

1. 从列表开始
这些都是你要检查其整除性的数字。我们将它们存储在"num_list"中。它们是什么并不重要。

2. 函数
这实际上是两个函数："filter"会丢弃被"lambda"发现的不能被13（或是你选择的任何数字）整除的数字。

3. 结果
事实证明，我们的列表中只有一个数字可以被13整除。用不同的数字再试一次以获得不同的结果。

学到了什么？

这是对函数非常基本的介绍。这些代码仅在被调用时运行，它们可以内置于语言环境或模块当中，或者直接在代码本身中定义。lambda函数在其他函数中运行良好，就像我们对filter所做的那样，这里将lambda的功能定义为判断列表中每个数字是不是能被13整除。

①

```
divisibility.py ×
C: > Users > Ianev > Python > divisibility.py > [∅] num_list
1   num_list = [12, 44, 64, 224, 130, 345, 6,]
2
```

②

```
divisibility.py ●
C: > Users > Ianev > Python > divisibility.py > ...
1   num_list = [12, 44, 64, 224, 130, 345, 6,]
2   # Lambda function
3   result = list(filter(lambda x: (x % 13 == 0), num_list))
4   # Display results
5   print("Numbers divisible by 13 are",result)
```

③

```
divisibility.py ×
C: > Users > Ianev > Python > divisibility.py > ...
1   num_list = [12, 44, 64, 224, 130, 345, 6,]
2   # Lambda function
3   result = list(filter(lambda x: (x % 13 == 0), num_list))
4   # Display results
5   print("Numbers divisible by 13 are", result)

PROBLEMS   OUTPUT   TERMINAL   DEBUG CONSOLE              Python + ∨ □ 🗑 ∧ ×

Windows PowerShell
Copyright (C) Microsoft Corporation. All rights reserved.

Try the new cross-platform PowerShell

PS C:\Users\Ianev> & C:/Users/Ianev/AppData/Local/Microsoft/WindowsApps/pyt
hon3.9.exe c:/Users/Ianev/Python/divisibility.py
Numbers divisible by 13 are [130]
PS C:\Users\Ianev>
```

显示日历

这段代码将显示你输入的月份和年份所对应的日历。这里将使用一个模块来简化程序。

步骤

1. 导入模块
我们正在使用的模块称为"calendar"，使用它会让一切变得非常简单。

2. 月份和年份
我们将设置在代码中使用的月份和年份。如果需要，你可以使用int()函数编写代码来获取用户的输入。

3. 显示
这里显示的是1979年2月的日历，不过你可以改变设置以显示任何你喜欢的年月。

学到了什么？

这里我们调用并使用了一个模块，这个模块为我们提供了足够的信息来完成项目的功能。每次你在在线日历或电子日记应用程序中切换月份时都会进行类似的调用。

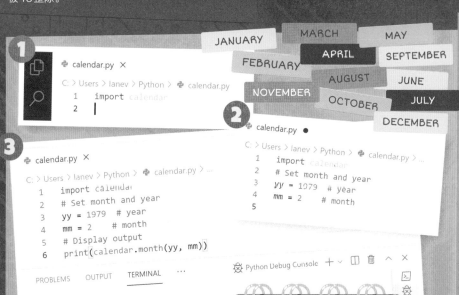

①
```
calendar.py ×
C: > Users > Ianev > Python > calendar.py
1   import calendar
2   |
```

②
```
calendar.py ●
C: > Users > Ianev > Python > calendar.py
1   import calendar
2   # Set month and year
3   yy = 1979   # year
4   mm = 2      # month
5
```

③
```
calendar.py ×
C: > Users > Ianev > Python > calendar.py > ...
1   import calendar
2   # Set month and year
3   yy = 1979   # year
4   mm = 2      # month
5   # Display output
6   print(calendar.month(yy, mm))

PROBLEMS   OUTPUT   TERMINAL   ...

ndar.py'
   February 1979
Mo Tu We Th Fr Sa Su
             1  2  3  4
 5  6  7  8  9 10 11
12 13 14 15 16 17 18
19 20 21 22 23 24 25
26 27 28

PS C:\Users\Ianev\Python>
```

JANUARY MARCH MAY
FEBRUARY APRIL SEPTEMBER
NOVEMBER AUGUST JUNE
OCTOBER JULY
DECEMBER

游戏编程：剪刀、石头、布

欢乐时光

剪刀、石头、布是一种简单的游戏，其中两名玩家在3个对象之间进行选择，然后根据3个对象循环相克的规则决定最后谁赢，除非两个玩家选择相同，否则总有一个人获胜。这么说是不是听起来比较复杂。

需要什么

- 一台Windows、macOS或Linux计算机
- Python IDE，例如Visual Studio Code 或Thonny

步骤

1. 准备
我们将再次使用random模块，不过这次会从只有3个选项的列表中选择，我们定义这个列表为"play"。

2. 计算机先选
随机数设置在0到2之间，因为计算机是从0（Rock）开始计数的。

3. 输入
用户的输入会与计算机随机的选择进行比较。这里没有策略，没有试图读懂对手的意图；完全是随机的。

学到了什么？

请记住，Python是区分大小写的，因此如果用户没用[shift]键将第一个字母大写的话，程序将会出错。你也可以在代码中全部采用小写字母来解决这个问题。

1

```
🐍 rock paper.py ✕

C: > Users > Ianev > Python > 🐍 rock paper.py > ...
1    from random import randint
2
3    #create a list of play options
4    play = ["Rock", "Paper", "Scissors"]
5
6    #assign a random play to the computer
7    computer = play[randint(0,2)]
8
9    #set player to False
10   player = False
11
12   while player == False:
13   #set player to True
14       player = input("Rock, Paper, Scissors?")
15       if player == computer:
16           print("Tie!")
17       elif player == "Rock":
18           if computer == "Paper":
```

2

```
🐍 rock paper.py ✕

C: > Users > Ianev > Python > 🐍 rock paper.py > [∅] computer
1    from random import randint
2
3    #create a list of play options
4    play = ["Rock", "Paper", "Scissors"]
5
6    💡ssign a random play to the computer
7    computer = play[randint(0,2)]
8
9    #set player to False
10   player = False
11
12   while player == False:
13   #set player to True
14       player = input("Rock, Paper, Scissors?")
15       if player == computer:
16           print("Tie!")
17       elif player == "Rock":
18           if computer == "Paper":
19               print("You lose!"         "covers"
```

3

```
ck paper.py ✕

C: > Users > Ianev > Python > 🐍 rock paper.py > ...
13   #set player to True
14       player = input("Rock, Paper, Scissors?")
15       if player == computer:
16           print("Tie!")
17       elif player == "Rock":
18           if computer == "Paper":
19               print("You lose!", computer, "covers", player)
20           else:
21               print("You win!", player, "breaks", computer)
22       elif player == "Paper":
23           if computer == "Scissors":
24               print("You lose!", computer, "cut", player)
25           else:
26               print("You win!", player, "covers", computer)
27       elif player == "Scissors":
28           if computer == "Rock":
29               print("You lose...", computer, "breaks", player)
30           else:
```

脚本输出

现在我们进入程序的输出阶段，代码会将用户的输入与自己的选择进行比较，然后根据比较结果输出特定的信息。

步骤

1. 输、赢或平局

通常的规则是，石头赢剪刀，剪刀赢布，而布赢石头。可以自己选择合适的形容词来描述胜利的过程。

2. 拼写检查

如果用户拼错了剪刀或忘了大写字母，你需要输出一行错误信息。

3. 输出

这是正在运行的脚本。这个游戏会一直循环，直到你觉得无聊为止。也许可以添加"退出"命令。

学到了什么？

这个游戏有一个更复杂的版本涉及5个选项——石头、布、剪刀、蜥蜴（Lizard）、史波克（Spock）。你能扩展你的代码和规则来包含两个额外的选项吗？

1

🔵 rock paper.py ×

C: > Users > Ianev > Python > 🐍 rock paper.py > ...
```
17        elif player == "Rock":
18            if computer == "Paper":
19                print("You lose!", computer, "covers", player)
20            else:
21                print("You win!", player, "breaks", computer)
22        elif player == "Paper":
23            if computer == "Scissors":
24                print("You lose!", computer, "cut", player)
25            else:
26                print("You win!", player, "covers", computer)
27        elif player == "Scissors":
28            if computer == "Rock":
29                print("You lose...", computer, "breaks", player)
30            else:
31                print("You win!", player, "cut", computer)
32        else:
33            print("That's not a valid play. Check your spelling!")
34    #player was set to True, but we want it to be False so the loop con
```

2

🔵 rock paper.py ×

C: > Users > Ianev > Python > 🐍 rock paper.py > ...
```
22        elif player == "Paper":
23            if computer == "Scissors":
24                print("You lose!", computer, "cut", player)
25            else:
26                print("You win!", player, "covers", computer)
27        elif player == "Scissors":
28            if computer == "Rock":
29                print("You lose...", computer, "breaks", player)
30            else:
31                print("You win!", player, "cut", computer)
32        else:
33            print("That's not a valid play. Check your spelling!")
34    #player was set to True, but we want it to be False so the loop con
35    player = False
36    computer = play[randint(0,2)]
```

3

```
Windows PowerShell
Copyright (C) Microsoft Corporation. All rights reserved.

Try the new cross-platform PowerShell https://aka.ms/pscore6

PS C:\Users\Ianev> & C:/Users/Ianev/AppData/Local/Microsoft/WindowsApps/python3.9.ex
e "c:/Users/Ianev/Python/rock paper.py"
Rock, Paper, Scissors?Rock
You win! Rock smashes Scissors
Rock, Paper, Scissors?Paper
Tie!
Rock, Paper, Scissors?Rock
You lose! Paper covers Rock
Rock, Paper, Scissors?paper
That's not a valid play. Check your spelling!
Rock, Paper, Scissors?
```

随机密码生成器

设置一个强密码是打击黑客和其他网络犯罪分子的良好开端。你还可以采取其他步骤——例如在服务中激活重认证——不过一个好的密码可以为你打下坚实的基础。该程序会生成一个8位字符的密码，不过你可以根据自己的喜好继续添加代码来设置密码。

步骤

1. 再次使用 random 模块

这个模块能完成很多工作。这里，我们使用它来打乱字符并从列表中选择它们。

2. 字符

我们的列表是标准的ASCII字符列表。数字代表该列表中的一个范围。

3. 你的密码

一旦生成了字符，它们就会被打乱以产生一个随机包含大小写字母和数字字符的字符串。

学到了什么？

你可以将任何字母和符号集成到你的密码中，不过我们建议只使用那些不需要通过组合键来输入的字母和符号。另外，坚持按一次[shift]键。

1

🔵 password.py ×

C: > Users > Ianev > Python > 🐍 password.py > 🔷 shuffle
```
1    import random
2
3    #Shuffle all the characters
4    def shuffle(string):
5        tempList = list(string)
6        random.shuffle(tempList)
7        return ''.join(tempList)
8
9    #Password generator
10   uppercaseLetter1=chr(random.randint(65,90))
11   uppercaseLetter2=chr(random.randint(65,90))
12   lowercaseLetter1=chr(random.randint(65,90))
13   lowercaseLetter2=chr(random.randint(97,122))
14   lowercaseLetter3=chr(random.randint(97,122))
15   lowercaseLetter4=chr(random.randint(97,122))
16   number1=chr(random.randint(48,57))
17   number2=chr(random.randint(48,57))
18   # if you need a symbol, try 33,38
```

2

🔵 password.py ×

C: > Users > Ianev > Python > 🐍 password.py > 🔷 shuffle
```
9    #Password generator
10   uppercaseLetter1=chr(random.randint(65,90))
11   uppercaseLetter2=chr(random.randint(65,90))
12   lowercaseLetter1=chr(random.randint(65,90))
13   lowercaseLetter2=chr(random.randint(97,122))
14   lowercaseLetter3=chr(random.randint(97,122))
15   lowercaseLetter4=chr(random.randint(97,122))
16   number1=chr(random.randint(48,57))
17   number2=chr(random.randint(48,57))
18   # if you need a symbol, try 33,38
19
20   #Generate password using all the characters, in
21   password = uppercaseLetter1 + uppercaseLetter2
22       + lowercaseLetter2 + lowercaseLetter3 + low
23           + number1 + number2
24   password = shuffle(password)
25
26   #Ouput
```

3

🔵 password.py ×

C: > Users > Ianev > Python > 🐍 password.py > ...
```
13   lowercaseLetter2=chr(random.randint(97,122))
14   lowercaseLetter3=chr(random.randint(97,122))
15   lowercaseLetter4=chr(random.randint(97,122))
16   number1=chr(random.randint(48,57))
17   number2=chr(random.randint(48,57))
18   # if you need a symbol, try 33,38
19
20   #Generate password using all the characters, in random order
21   password = uppercaseLetter1 + uppercaseLetter2 + lowercaseLetter1 \
22       + lowercaseLetter2 + lowercaseLetter3 + lowercaseLetter4 \
23           + number1 + number2
24   password = shuffle(password)
25
26   #Ouput
27   print(password)
```

尝试更多游戏编程

猜数字

这次，计算机会想到一个数字，然后你来猜，计算机会告诉你所猜的数字是对还是错。

需要什么
- 一台Windows、macOS或Linux计算机
- Python IDE，例如Visual Studio Code或Thonny

步骤

1. 再次使用random模块
是的，还是我们的老朋友random模块。它的用处太大了。这次，我们使用它来选择1到10之间的一个整数。

2. 输入整数
我们要处理整数，因此可以使用int( )函数来处理用户的输入。

3. 输出
游戏一直持续到用户猜出数字，此时它就突然结束了。

学到了什么?
这是随机选择一个数字的简单实现。接下来可以稍作改进，比如可以询问用户的名字，然后输出这个名字来称呼用户；或者限制猜测的次数；再或者每次用户猜错时都不更改数字。

1

```
🐍 guess.py  ✕

C: > Users > Ianev > Python > 🐍 guess.py > [∅] num
 1    import random
 2
 3    num = random.randint(1, 10)
 4    guess = None
 5
 6    while guess != num:
 7        guess = input("guess a number between 1 and 10: ")
 8        guess = int(guess)
 9
10        if guess == num:
11            print("congratulations! you won!")
12            break
13        else:
14            print("nope, sorry. try again!")
```

2

```
🐍 dice.py  ✕

C: > Users > Ianev > Python > 🐍 dice.py > ...
 1    import random
 2
 3    die1 = random.randint(1,6)
 4
 5    die2 = random.randint(1,6)
 6
 7    print(die1, die2)
 8
 9    print(die1 + die2)
```

3

```
Windows PowerShell
Copyright (C) Microsoft Corporation. All rights reserved.

Try the new cross-platform PowerShell https://aka.ms/pscore6

PS C:\Users\Ianev> & C:/Users/Ianev/AppData/Local/Microsoft/WindowsApps/python3.9.ex
e c:/Users/Ianev/Python/dice.py
4 5
9
PS C:\Users\Ianev>
```

掷骰子

随机数的一个很好的应用就是模拟掷骰子，它可以在许多游戏中使用。

步骤

1. 随机
这非常简单：首先导入random模块，然后随机选择1到6之间的两个整数。

2. 打印
显示两个骰子的数，并将它们加在一起直接显示总的点数。

3. 输出
输出的内容很少，以至于它几乎淹没在Visual Studio Code生成的其他内容之中。

学到了什么？

这个脚本还可以扩展。对于想要掷12面骰子（D12）的《龙与地下城》（D&D，一款桌游）玩家，或者在《战锤40000》这一桌游中需要掷多个6面骰子的玩家，你可以设置代码来询问要多少个骰子，以及每个骰子有多少面。

1
```
dice.py  ×
C: > Users > Ianev > Python > dice.py > [∅] die1
1    import random
2
3    die1 = random.randint(1,6)
4
5    die2 = random.randint(1,6)
6
7    print(die1, die2)
8
9    print(die1 + die2)
```

2
```
dice.py  ×
C: > Users > Ianev > Python > dice.py > ...
1    import random
2
3    die1 = random.randint(1,6)
4
5    die2 = random.randint(1,6)
6
7    print(die1, die2)
8
9    print(die1 + die2)
```

3
```
PROBLEMS   OUTPUT   TERMINAL   DEBUG CONSOLE                    Python

Windows PowerShell
Copyright (C) Microsoft Corporation. All rights reserved.

Try the new cross-platform PowerShell

PS C:\Users\Ianev> & C:/Users/Ianev/AppData/Local/Microsoft/WindowsApps/python3.9.ex
e c:/Users/Ianev/Python/dice.py
4 5
9
PS C:\Users\Ianev>
```

1
```
vowels.py  ×
> Users > Ianev > Python > vowels.py > [∅] vowels
1    vowels = 'aeiouAEIOU'
2
3    given_str = input ("enter a phrase:")
4    final_str = given_str
5
6    for c in given_str:
7        if c in vowels:
8            final_str = final_str.replace(c,"")
9
10           print(final_str)
11
```

2
```
vowels.py  ×
C: > Users > Ianev > Python > vowels.py > ...
1    vowels = 'aeiouAEIOU'
2
3    given_str = input ("enter a phrase:")
4    final_str = given_str
5
6    for c in given_str:
7        if c in vowels:
8            final_str = final_str.replace(c,"")
9
10           print(final_str)
11
```

3
```
e c:/Users/Ianev/Python/vowels.py
enter a phrase:Future Genius
Ftre Genis
Ftre Genis
Ftr Gnis
Ftr Gnis
Ftr Gns
Ftr Gns
PS C:\Users\Ianev>
```

去除元音

如果你曾经看过一档节目叫《Only Connect》，那么你就会知道，虽然很难识别出元音已删除的单词或短语，但还是有可能的。这个程序能识别和删除文本字符串中所有的a、e、i、o和u，让我们也玩一次去掉元音的游戏。

步骤

1. 识别元音
首先，我们需要告诉Python元音是什么。因为Python是一种区分大小写的语言，所以最好同时写上大写和小写字母。

2. 输入
为用户创建一个输入字符串以输入他们的短语。然后我们遍历短语，用""（空，什么字符也没有）替换所有的"元音"。

3. 输出
输出屏幕显示了从短语中删除每个元音的过程，同时显示了中间阶段。

学到了什么？

这种搜索和替换程序可以扩展为用一个短语替换另一个固定短语——引号之间并不是一定什么都没有的。

神奇黑8

随机反馈

神奇黑8（magic eight-ball）曾经是一种流行的玩具，有点像抽签，玩的时候，你需要先向一个球提问，然后摇动这个球，当把球反转过来等待一段时间后，某种凝胶中一堆的答案中就会有一个浮出来。这里的代码可以制作一个完全的新版本，你可以按照你的想法重写其中的答案。

需要什么

- 一台Windows、macOS或Linux计算机
- Python IDE，例如Visual Studio Code或Thonny

步骤

1. 导入模块

导入random模块，然后处理你的答案。它可能是一条很长的代码——这里为了适应屏幕截图已经将这行代码分成了很多行。

2. 你叫什么名字？

通过简单的几行来确定用户的名字。

3. 问我一个问题

这是重要的一点——输入一个问题，然后使用random模块将备选的答案打乱以给出一个完全随机的反馈。

学到了什么？

在这里，你完成了一个列表并从中随机挑选，除了用于神奇黑8外，还可以有很多其他用途。

1

```
8ball.py
C: > Users > Ianev > Python > 🐍 8ball.py > ...
1   # Welcome to the magic eight-ball
2   import random
3   answers = ['It is certain', 'It is decidedly so', \
4       'Without a doubt', 'Yes - definitely', \
5           'You may rely on it', 'As I see it, yes', \
6               'Most likely', 'Outlook good', \
7                   'Signs point to yes', 'Reply hazy', \
8                       'Try again', 'Ask again later', \
9                           'Better not tell you now', \
10                              'Cannot predict now', \
11                                  'Concentrate and ask again', \
12                                      'Dont count on it', \
13                                          'My reply is no', \
14                                              'My sources say no', \
15                                                  'Outlook not so good', \
16                                                      'Very doubtful']
17
```

你学会了吗？

2

```
8ball.py
C: > Users > Ianev > Python > 🐍 8ball.py > ...
10                                      'Cannot predict now', \
11                                          'Concentrate and ask again', \
12                                              'Dont count on it', \
13                                                  'My reply is no', \
14                                                      'My sources say no', \
15                                                          'Outlook not so good', \
16                                                              'Very doubtful']
17  print('I am the Magic Eight-Ball. What is your name?')
18  name = input()
19  print('Hello ' + name)
20
```

3

```
8ball.py  1 ×
C: > Users > Ianev > Python > 🐍 8ball.py > 🔮 Magic8Ball
15                                                  'Outlook not so good', \
16                                                      'Very doubtful']
17  # What is your name?
18  print('I am the Magic Eight-Ball. What is your name?')
19  name = input()
20  print('Hello ' + name)
21  # Ask me a question
22  def Magic8Ball():
23      print('Ask me a question.')
24      input()
25      print (answers[random.randint(0, len(answers)-1)] )
26      print('I hope that helped!')
27      Replay()
```

继续神奇黑8

这是神奇黑8代码的后半部分。这里有一个循环用于提出更多问题，如果用户捣乱并输入无意义的内容，它会委婉地提示输入错误。请注意，Python是一种区分大小写的语言：如果你要让用户输入"Y"，那么他们将需要使用[shift]键，因此最好是让用户输入"y"。

步骤

1. 再问一次?

"Def"意味着你正在定义一个函数。我们之前是用于定义Magic8Ball( )，现在用来定义Replay( )来让用户问另一个问题。

2. 请重复

这一行包含了用户输入"y"或"n"以外的所有其他情况。

3. 输出

这是神奇黑8的输出。请记住，你可以调整答案以让程序说出你想要的任何内容，你不一定需要使用现有的答案。

学到了什么?

此脚本包含一个循环，因此你总是可以返回并按照自己的想法不断提出问题。你还可以扩展答案列表，以降低随机模块连续两次返回相同答案的可能性。

1

```
8ball.py  2  ×                                            ▷

C: > Users > Ianev > Python > 🐍 8ball.py > 🔶 Magic8Ball > 🔶 Replay
22   def Magic8Ball():
23       print('Ask me a question.')
24       input()
25       print (answers[random.randint(0, len(answers)-1)] )
26       print('I hope that helped!')
27       Replay()
28       # You want more?
29   def Replay():
30       print ('Do you have another question? [y/n] ')
31       reply = input()
32       if reply == 'y':
33           Magic8Ball()
34       elif reply == 'n':
35           exit()
36       else:
37           print('Sorry, I did not catch that. Please repeat.')
38           Replay()
```

2

```
8ball.py  1  ×

C: > Users > Ianev > Python > 🐍 8ball.py > 🔶 Magic8Ball
33           Magic8Ball()
34       elif reply == 'n':
35           exit()
36       else:
37           print('Sorry, I did not catch that. Please repeat.')
38           Replay()
39   Magic8Ball()
```

3

```
Windows PowerShell
Copyright (C) Microsoft Corporation. All rights reserved.

Try the new cross-platform PowerShell

PS C:\Users\Ianev> & C:/Users/Ianev/AppData/Local/Microsoft/WindowsApps/python3.9.e
xe c:/Users/Ianev/Python/8ball.py
I am the Magic 8 Ball, What is your name?
Future Genius
hello Future Genius
Ask me a question.
```

质数检查程序

质数是指在大于1的自然数中，只能被它自己和1整除的数。质数在数学和计算机科学方面有各种各样的应用，尤其是当你开始考虑加密时。这里有一个简单检查一个数字是否为质数的脚本。

步骤

1. 输入一个数字
让用户输入一个数字，并将其存储为int类型。

2. 变量 flag
变量flag是一个预先设定了数值的变量，除非有其他原因导致它发生变化，否则flag的值不变。在这里，我们默认数字就是质数，除非找到一个因子，那么在这种情况下这个数就会被改变，标记为不是素数。

3. 输出
这是程序运行时的样子。

1

📄 primes.py ●

C: > Users > Ianev > Python > 📄 primes.py > ...

```
1    #Prime number checker
2
3    num = int(input("Enter a number: "))
```

2

📄 primes.py ●

C: > Users > Ianev > Python > 📄 primes.py > ...

```
4    # Flag variable
5    flag = False
6
7    # prime numbers are greater than 1
8    if num > 1:
9        # check for factors
10       for i in range(2, num):
11           if (num % i) == 0:
12               # if factor is found, set flag to True
13               flag = True
14               # break out of loop
15               break
16       # check if flag is True
17   if flag:
18       print(num, "is not a prime number")
19   else:
20       print(num, "is a prime number")
```

3

```
PS C:\Users\Ianev> & C:/Users/Ianev/AppData/Local/Microsoft/WindowsApps/python3.9.e
xe c:/Users/Ianev/Python/primes.py
Enter a number: 133
133 is not a prime number
PS C:\Users\Ianev>
```

字谜游戏

字谜游字

你可能已经注意到，我们在本书中谈论了不少字谜游戏。这是让你进入当前这个项目的一个计划，这个项目将向你展示如何用Python代码来解出这些字母。这里我们使用的是树莓派上的Thonny，不过它也可以在Windows、macOS和其他Linux发行版上使用。

需要什么

- 一台Windows、macOS或Linux计算机
- Python IDE，例如Visual Studio Code或Thonny

步骤

1. 安装模块
我这里我们需要Enchant模块，它是一个用来比较字谜的词典。没有它，你的代码将无法运行，它不是random之类的标准模块。

2. 包管理
从工具（Tools）中，选择管理包（Manage Packages）。然后搜索"enchant"，单击"pyenchant"安装它。

3. 现在可以了
请注意，你在代码中仍然调用的是模块"enchant"，而不是"pyenchant"。我们使用的是英国英语词典，这个设置在第二行。

学到了什么？

模块管理器意味着你可以为Python添加各种模块，以多种方式扩展其功能。如果你遇到"找不到模块（module not found）"的错误，以这种方式添加模块可以让你的代码再次运行。

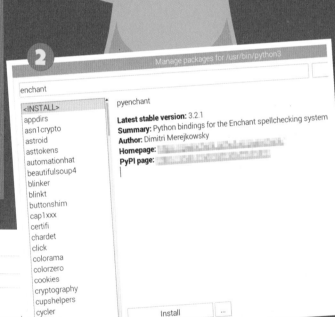

1
```
anagrams.py
   1  import enchant

Shell
>>> %Run anagrams.py
Traceback (most recent call last):
  File "/home/pi/Documents/anagrams.py", line 1, in <mod
    import enchant
ModuleNotFoundError: No module named 'enchant'
>>>
```

2 Manage packages for /usr/bin/python3

```
enchant

<INSTALL>          pyenchant
appdirs
asn1crypto         Latest stable version: 3.2.1
astroid            Summary: Python bindings for the Enchant spellchecking system
asttokens          Author: Dimitri Merejkowsky
automationhat      Homepage:
beautifulsoup4     PyPI page:
blinker
blinkt
buttonshim
cap1xxx
certifi
chardet
click
colorama
colorzero
cookies
cryptography
cupshelpers
cycler                          Install    ...
decorator
```

3
```
  1  import enchant
  2  d = enchant.Dict("en_UK")
  3
  4  word = input('Enter word: ')
  5  letters = [chr for chr in word]
  6  repeat_check = []
  7
  8  from itertools import permutations,combinations
  9
 10  for number in range(3,len(letters)+1):
 11      for current_set in combinations(letters,number):
 12
 13
 14
 15          for current in permutations(current_set):
 16              current_word = ''.join(current)
 17              if d.check(current_word)and current_word not in repeat_check:
 18                  print(current_word)
```

ANAGRAM
ANAGRAM
ANAGRAM
ANAGRAM
ANAGRAM

字谜循环

现在我们已经加载了英国英语词典，需要输入想要破解的字谜的字母内容，然后将其与单词列表进行比较。

步骤

1. 排列
这是提示用户输入他们想要解读的字母内容的代码，然后代码会将其分解并从中创建所有可能的组合。

2. itertools
我们在这里调用了另一个模块——itertools，并要求它创建所有可能的排列，包括来自混乱字母内容的每个字母。

3. 输出
这是输出：很快找到5个字母的3种单词排列。

学到了什么?

这是足以破解本书中所有字谜游戏的程序。当你输入的字母小于7个的时候，这个程序运行得相当快，输入差不多7个或多于7个字母的时候，程序就会变慢，因为它需要做更多的工作来比较字母和词典。

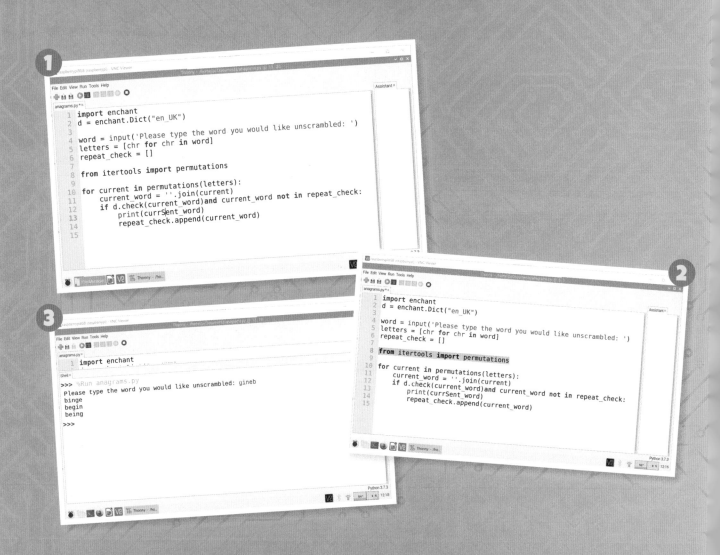

扩展程序

对这段代码进行了一些调整，将其更改为查找用混乱字母可以组成的每个单词，无论单词多长。这会使程序变慢，甚至更糟！不过，如果出于某种原因，需要你在拼字游戏中找出所有可能，那么这非常有用。

步骤

1. 开始是相同的
这部分代码和之前一样调用enchant词典。

2. 调整一下
我们在这里从itertools调用两个函数，以获取所有字母的排列和任意长度组合。

3. 输出
这一次，5个字母产生了11个结果。当接近9个字母的时候，程序会变得非常缓慢，你可能需要使用"停止"按钮。

学到了什么?

添加此功能当然可以扩展程序，但其实这会使这个程序远离其预期用途，即解决本书中的字谜游戏。现在它仍然可以做到这一点，但它产生的单词列表往往变得很长，而且变得很慢。有时，即使更大的程序仍然有效，聚焦在特定的目标也还是必要的。

1

```
anagrams.py ×
1   import enchant
2   d = enchant.Dict("en_UK")
3
4   word = input('Please type the word you would like unscrambled: ')
5   letters = [chr for chr in word]
6   repeat_check = []
7
8   from itertools import permutations,combinations
9
10  for number in range(3,len(letters)+1):
11      for current_set in combinations(letters,number):
12
13          for current in permutations(current_set):
14              current_word = ''.join(current)
15              if d.check(current_word)and current_word not in repeat_check:
16                  print(current_word)
17                  repeat_check.append(current_word)
```

3

```
anagrams.py ×
1   import enchant

Shell ×
>>> %Run anagrams.py
Please type the word you would like unscrambled: gineb
gin
big
gen
neg
beg
nib
bin
gibe
binge
begin
being
>>>
```

图书在版编目（CIP）数据

神奇的计算机及编程入门 / 英国Future公司编著；
程晨译. —— 北京 ：人民邮电出版社，2023.4
　　（未来科学家）
ISBN 978-7-115-59962-9

Ⅰ．①神… Ⅱ．①英… ②程… Ⅲ．①程序设计－青
少年读物 Ⅳ．①TP311.1-49

中国版本图书馆CIP数据核字(2022)第208596号

版权声明

内 容 提 要

本书共 3 册，主题分别为浩瀚的太阳系、奇趣的动物王国、神奇的计算机及编程入门。书中包含大量精彩照片和图表，使
用可爱的卡通人物形象讲述趣味科学知识，并与现实生活结合，科学解答孩子所疑惑的问题，让孩子在轻松的阅读中掌握科学
原理。同时融入 STEAM 理念，通过挑战、谜题、测验，以及在家或学校都能进行的科学实验和实践活动，帮助孩子更加深刻地
理解知识和运用技巧，学会解决问题的方法。

◆ 编　　著　　[英]英国 Future 公司
　　译　　　　程　晨
　　责任编辑　　宁　茜
　　责任印制　　马振武
◆ 人民邮电出版社出版发行　　北京市丰台区成寿寺路 11 号
　　邮编　100164　　电子邮件　315@ptpress.com.cn
　　网址　https://www.ptpress.com.cn
　　北京盛通印刷股份有限公司印刷
◆ 开本：880×1230　1/16
　　印张：6　　　　　　　　　　　2023 年 4 月第 1 版
　　字数：208 千字　　　　　　　 2023 年 4 月北京第 1 次印刷
　　著作权合同登记号　图字：01-2021-5733 号

定价：199.00 元（共 3 册）

读者服务热线：(010)81055493　印装质量热线：(010)81055316
反盗版热线：(010)81055315
广告经营许可证：京东市监广登字 20170147 号